高等职业院校基于工作过程项目式系列教材
企业级卓越人才培养解决方案"十三五"规划教材

Hadoop 生态体系项目实战

天津滨海迅腾科技集团有限公司　编著

图书在版编目(CIP)数据

Hadoop生态体系项目实战/天津滨海迅腾科技集团有限公司编著. —天津：天津大学出版社，2019.8
 高等职业院校基于工作过程项目式系列教材 企业级卓越人才培养解决方案"十三五"规划教材
 ISBN 978-7-5618-6476-0

Ⅰ.①H… Ⅱ.①天… Ⅲ.①数据处理软件－高等职业教育－教材 Ⅳ.①TP274

中国版本图书馆CIP数据核字(2019)第165542号

主　编：马晓虎　刘　健
副主编：康　华　董善志　李旭东
　　　　邰伟民　魏莉芳　李　慧

出版发行	天津大学出版社
地　　址	天津市卫津路92号天津大学内(邮编:300072)
电　　话	发行部:022-27403647
网　　址	publish.tju.edu.cn
印　　刷	廊坊市海涛印刷有限公司
经　　销	全国各地新华书店
开　　本	185mm×260mm
印　　张	14.5
字　　数	362千
版　　次	2019年8月第1版
印　　次	2019年8月第1次
定　　价	58.00元

凡购本书，如有缺页、倒页、脱页等质量问题，烦请与我社发行部门联系调换
版权所有　　侵权必究

高等职业院校基于工作过程项目式系列教材
企业级卓越人才培养解决方案"十三五"规划教材
编写委员会

指导专家	周凤华	教育部职业技术教育中心研究所
	李 伟	中国科学院计算技术研究所
	耿 洁	天津市教育科学研究院
	张齐勋	北京大学
	潘海生	天津大学
	董永峰	河北工业大学
	孙 锋	天津中德应用技术大学
	许世杰	中国职业技术教育网
	郭红旗	天津市软件行业协会
	周 鹏	天津市工业和信息化委员会教育中心
	邵荣强	天津滨海迅腾科技集团有限公司
主任委员	王新强	天津中德应用技术大学
副主任委员	张景强	天津职业大学
	宋国庆	天津电子信息职业技术学院
	闫 坤	天津机电职业技术学院
	史玉琢	天津商务职业学院
	王 英	天津滨海职业学院
	刘 盛	天津城市职业学院
	邵 瑛	上海电子信息职业技术学院
	张 晖	山东药品食品职业学院
	杜树宇	山东铝业职业学院
	梁菊红	山东轻工职业学院
	祝瑞玲	山东传媒职业学院
	赵红军	山东工业职业学院
	杨 峰	山东胜利职业学院
	成永江	东营科技职业学院
	陈章侠	德州职业技术学院

王作鹏	烟台职业学院
郑开阳	枣庄职业学院
景悦林	威海职业学院
常中华	青岛职业技术学院
张洪忠	临沂职业学院
宋　军	山西工程职业学院
刘月红	晋中职业技术学院
田祥宇	山西金融职业学院
任利成	山西轻工职业技术学院
赵　娟	山西旅游职业学院
陈　炯	山西职业技术学院
范文涵	山西财贸职业技术学院
郭社军	河北交通职业技术学院
麻士琦	衡水职业技术学院
娄志刚	唐山科技职业技术学院
刘少坤	河北工业职业技术学院
尹立云	宣化科技职业学院
廉新宇	唐山工业职业技术学院
郭长庚	许昌职业技术学院
李庶泉	周口职业技术学院
周　勇	四川华新现代职业学院
周仲文	四川广播电视大学
张雅珍	陕西工商职业学院
夏东盛	陕西工业职业技术学院
许国强	湖南有色金属职业技术学院
许　磊	重庆电子工程职业学院
董新民	安徽国际商务职业学院
谭维齐	安庆职业技术学院
孙　刚	南京信息职业技术学院
李洪德	青海柴达木职业技术学院
王国强	甘肃交通职业技术学院

基于产教融合校企共建产业学院创新体系简介

基于产教融合校企共建产业学院创新体系是天津滨海迅腾科技集团有限公司联合国内几十所高校，结合数十个行业协会及1 000余家行业领军企业的人才需求标准，在高校中实施十年而形成的一项科技成果，该成果于2019年1月在天津市高新技术成果转化中心组织的科学技术成果鉴定中被鉴定为国内领先水平。该成果是贯彻落实《国务院关于印发国家职业教育改革实施方案的通知》（国发〔2019〕4号）的深度实践，开发出了具有自主知识产权的"标准化产品体系"（含329项具有知识产权的实施产品）。从产业、项目到专业、课程，形成了系统化的操作实施标准，构建了具有企业特色的产教融合校企合作运营标准"十个共"，实施标准"九个基于"，创新标准"七个融合"等全系列、可操作、可复制的产教融合系列标准，取得了高等职业院校校企深度合作的系统性成果。该成果通过企业级卓越人才培养解决方案（以下简称解决方案）具体实施。

该解决方案是面向我国职业教育量身定制的应用型技术技能人才培养解决方案，是以教育部—滨海迅腾科技集团产学合作协同育人项目为依托，依靠集团的研发实力，通过联合国内职业教育领域相关的政策研究机构、行业、企业、职业院校共同研究与实践获得的方案。本解决方案坚持"创新校企融合协同育人，推进校企合作模式改革"的宗旨，消化吸收德国"双元制"应用型人才培养模式，深入践行基于工作过程"项目化"及"系统化"的教学方法，形成工程实践创新培养的企业化培养解决方案，在服务国家战略——京津冀教育协同发展、中国制造2025（工业信息化）等领域培养不同层次的技术技能型人才，为推进我国实现教育现代化发挥了积极作用。

该解决方案由初、中、高三个培养阶段构成，包含技术技能培养体系（人才培养方案、专业教程、课程标准、标准课程包、企业项目包、考评体系、认证体系、社会服务及师资培训）、教学管理体系、就业管理体系、创新创业体系等，采用校企融合、产学融合、师资融合"三融合"的模式在高校内共建大数据（AI）学院、互联网学院、软件学院、电子商务学院、设计学院、智慧物流学院、智能制造学院等，并以"卓越工程师培养计划"项目的形式推行，将企业人才需求标准、工作流程、研发规范、考评体系、企业管理体系引进课堂，充分发挥校企双方的优势，推动校企、校际合作，促进区域优质资源共建共享，实现卓越人才培养目标，达到企业人才招录的标准。本解决方案已在全国几十所高校实施，目前形成了企业、高校、学生三方共赢的格局。

天津滨海迅腾科技集团有限公司创建于2004年，是以IT产业为主导的高科技企业集团。集团业务范围覆盖信息化集成、软件研发、职业教育、电子商务、互联网服务、生物科技、健康产业、日化产业等。集团以科技产业为背景，与高校共同开展"三融合"的校企合作混合所有制项目。多年来，集团打造了以博士研究生、硕士研究生、企业一线工程师为主导的科研及教学团队，培养了大批互联网行业应用型技术人才。集团先后荣获全国模范和谐企业、国家级高新技术企业、天津市"五一"劳动奖状先进集体、天津市"AAA"级劳动关系和谐企业、天津市"文明单位"、天津市"工人先锋号"、天津市"青年文明号"、天津市"功勋企业"、天津市"科技小巨人企业"、天津市"高科技型领军企业"等近百项荣誉。集团将以"中国梦,腾之梦"为指导思想,深化产教融合,坚持围绕产业需求,坚持利用科技创新推动生产,坚持激发职业教育发展活力,形成"产业+科技+教育"生态,为我国职业教育深化产教融合、校企合作的创新发展作出更大贡献。

前 言

大数据时代的来临在引领无数技术变革的同时,也在悄无声息地改变着各行各业。随着大数据技术的发展和传统技术的革新,医疗、交通、金融、电商等多个行业已经在使用大数据技术进行海量数据的处理,如疾病预防、出行规划、股票预测、行为分析等。本书为用户行为日志分析的实现提供技术指导。

本书主要以 Hadoop 生态体系为主线,以用户画像项目贯穿全书进行讲解,包含其各组件的功能和使用方法以及数据采集、存储、分析、可视化等知识。全书知识点的讲解由浅入深,使每一位读者都能有所收获,也保持了整本书的知识深度。

本书主要涉及八个项目,即 Hadoop 介绍、分布式文件系统(HDFS)、强大的计算框架(MapReduce)、数据仓库工具(Hive)、分布式数据库(HBase)、数据迁移工具(Sqoop)、日志收集系统(Flume)、构建 Persona 项目,严格按照生产环境中的操作流程对知识体系进行编排。从数据的存储、清洗、分析、迁移,一直到分析结果的可视化展示,使用循序渐进的方式对知识点进行讲解。

本书结构合理、内容详细、条理清晰,每个项目都通过学习目标、学习路径、任务描述、任务技能、任务实施、任务总结、英语角和任务习题八个模块进行相应知识的讲解。其中,学习目标和学习路径模块对本项目包含的知识点进行简述,任务实施模块对本项目中的案例进行步骤化的讲解,任务总结模块作为最后陈述,对使用的技术和注意事项进行总结,英语角模块解释本项目中专业术语的含义,使学生全面掌握所讲内容。

本书由马晓虎、刘健担任主编,康华、董善志、李旭东、邰伟民、魏莉芳、李慧担任副主编。具体分工为:马晓虎和刘健负责全书的编排,项目一和项目二由康华、董善志负责编写,项目三和项目四由董善志、邰伟民负责编写,项目五和项目六由李旭东、邰伟民负责编写,项目七和项目八由魏莉芳、李慧负责编写。

本书理论知识简明扼要,实例操作讲解细致,步骤清晰,理论与操作相结合,操作结束后有对应的效果图,便于读者直观、清晰地看到操作效果,牢记书中的操作步骤。希望本书使读者对 Hadoop 生态体系相关知识的学习过程更加顺利。

天津滨海迅腾科技集团有限公司
2019 年 8 月

目　录

项目一　Hadoop 介绍 1
　　学习目标 1
　　学习路径 1
　　任务描述 2
　　任务技能 3
　　任务实施 18
　　任务总结 21
　　英语角 21
　　任务习题 22

项目二　分布式文件系统（HDFS） 23
　　学习目标 23
　　学习路径 23
　　任务描述 24
　　任务技能 26
　　任务实施 42
　　任务总结 45
　　英语角 45
　　任务习题 45

项目三　强大的计算框架（MapReduce） 47
　　学习目标 47
　　学习路径 47
　　任务描述 48
　　任务技能 49
　　任务实施 71
　　任务总结 75
　　英语角 76
　　任务习题 76

项目四　数据仓库工具（Hive） 78
　　学习目标 78
　　学习路径 78

	任务描述	79
	任务技能	80
	任务实施	102
	任务总结	109
	英语角	109
	任务习题	109

项目五　分布式数据库（HBase） 111

学习目标	111
学习路径	111
任务描述	112
任务技能	113
任务实施	138
任务总结	141
英语角	141
任务习题	142

项目六　数据迁移工具（Sqoop） 143

学习目标	143
学习路径	143
任务描述	144
任务技能	145
任务实施	163
任务总结	165
英语角	166
任务习题	166

项目七　日志收集系统（Flume） 168

学习目标	168
学习路径	168
任务描述	169
任务技能	170
任务实施	183
任务总结	185
英语角	185
任务习题	185

项目八　构建 Persona 项目 187

学习目标	187
学习路径	187

任务描述 …………………………………………………………… 188
任务技能 …………………………………………………………… 189
任务实施 …………………………………………………………… 202
任务总结 …………………………………………………………… 216
英语角 ……………………………………………………………… 216
任务习题 …………………………………………………………… 217

项目一　Hadoop 介绍

通过完成 Persona 项目 Hadoop 集群服务启动和集群信息监控，了解大数据特点和发展状况，掌握大数据处理基本流程，熟悉大数据处理工具 Hadoop 及其生态体系组件基本知识。在任务实施过程中：

➤ 了解大数据的概念及其在现实世界中发展的基本情况；
➤ 熟悉 Hadoop 及其生态体系组件的作用；
➤ 掌握 Persona 项目的开发目的；
➤ 掌握启动 Hadoop 框架的方法。

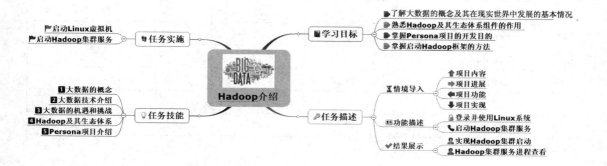

【情境导入】

大数据技术在不断发展的同时,也成为各大企业"追捧"的对象。就目前而言,各类企业尤其是电商和服务类企业,对大数据技术应用的重点在于通过了解用户需求以定制个性化服务。Persona 项目就是基于上述需求而开发,并建立于 Hadoop 分布式框架之上的可视化项目。本任务主要实施在已经搭建完成的集群中,完成对 Hadoop 集群服务的启动。

【功能描述】

- 登录并使用 Linux 系统。
- 启动 Hadoop 集群服务。

【结果展示】

通过对本任务的学习,实现 Hadoop 集群服务启动。通过对大数据知识的学习和 Hadoop 生态体系的简单了解,实现 Hadoop 集群服务。所有集群节点进程如表 1-1 所示。

表 1-1　Hadoop 集群节点进程信息

进程	master	masterback	slave1	slave2
NameNode	是	是	否	否
DFSZKFailoverController	是	是	否	否
QuorumPeerMain	是	是	是	是
ResourceManager	是	是	否	否
JournalNode	否	否	是	是
NodeManager	否	否	是	是
DateNode	否	否	是	是
HMaster	是	是	否	否
HRegionServer	否	否	是	是

技能点一 大数据的概念

1. 大数据简介

大数据是一个体量大、数据类别大的数据集,并且无法使用传统数据库工具对其内容进行抓取、解析、管理和处理。现在行业内对大数据最为普遍的定义是用传统方法或工具不能处理或分析的数据。

随着计算机的发展和信息技术的普及应用,各个行业应用不同系统的规模越来越大,行业内所产生的数据呈指数型增长,数百 TB 甚至数百 PB 规模的行业数据已非常普遍。百度每天产生的搜索数据总量已超过 1PB,每天需要处理的网页数据达到 10PB~100PB;Google 每年的搜索量在 2 万亿次以上;淘宝网每年累计的交易数据量高达 100PB;推特每天发布超过 2 亿条消息。企业数据产生的速度已远远超出了现有传统的计算技术和信息系统能够处理的范围,因此在现实发展中研究大数据的处理技术、方法和手段已经非常重要。

大数据不仅仅泛指数据,它已经成为一个完整的课题,其内容非常丰富,涉及各种工具、技术和框架。大数据的发展已经得到了世界范围内的广泛关注,发展势不可挡。而如何将海量的原始数据进行有效的分析和利用,让数据转变成可以被使用的知识,使其具有利用价值并解决日常生活和工作中的难题,已经成为国内外共同关注的重要课题,同时也是大数据技术最重要的研发意义。

2. 大数据的产生

最初,数据主要是采用数据库进行管理,但随着大数据的到来,数据的管理方式有了极大改变。大数据时代的到来并不仅通过口述表现,数据的产生已经渗透到当今每一个行业。海量数据的挖掘和运用带来了新的生产方式和消费方式,预示着新一波生产率的提高和消费者盈余浪潮的到来。人类社会数据产生方式的变迁,经历了以下三个阶段。

1) 运营式系统阶段

数据库的出现大大降低了数据管理的复杂程度,实践中数据库主要是作为运营系统存储数据的或是作为运营系统的数据管理子系统,如超市的销售记录系统、医院病人的医疗记录系统和银行的交易记录系统等。由于运营式系统广泛使用数据库进行数据存储,人类社会数据存储量第一次有了大的飞跃。这个阶段最主要的特点是数据伴随着一定的运营活动而产生并记录在数据库中,如消费者每刷一次卡或通过软件进行一次交易付款就会在银行的交易系统数据库中产生对应数据。此阶段数据的产生方式是被动的。

2) 用户原创内容阶段

由于互联网的诞生,人类社会数据存储量出现了第二次大的飞跃。真正的数据爆发产生于 Web 2.0 时代,是用户原创内容数据快速增长的时期。这类数据一直呈现爆炸性增长,主要原因有以下两点：①以智能手机、平板电脑为代表的新型移动设备的出现，这些易携带、可全天候接入网络的移动设备使人们在网上发表自己意见更为便捷；②以微博、微信、QQ为代表的新型社交网络的出现和快速发展，使用户产生数据的意愿更加强烈。此阶段数据的产生方式是主动的。

3）感知式系统阶段

感知式系统（用传感器收集数据的系统）的广泛应用导致了人类社会数据存储量第三次大的飞跃，最终导致了大数据的产生，今天正处于这个阶段。由于技术的发展，我们目前已经有能力制造极其微小的带有处理功能的传感器来收集数据，并开始将这些设备广泛地布置于社会的各个角落，通过这些设备来对整个社会的运转进行监控，存储收集到的信息，这些设备会源源不断地产生新数据。此阶段数据的产生方式是自动的。

现如今，在天文学、生物学、高能物理、互联网应用、计算机仿真、电子商务等各个领域，数据量都呈现指数型增长的趋势。美国互联网数据中心指出，当今互联网上的数据每年将增长 50% 以上，每两年便将翻一倍，目前世界上 90% 以上的数据都是最近几年才产生的。数据并非单纯指人们在互联网上发布的信息，全世界的工业生产品有着无数的数码传感器，通过即时测量和传递有关位置、运动、振动、温度、湿度等信息也产生了海量的数据信息，这些都可以作为大数据的数据信息。

谷歌的首席经济学家 Hal Varian 指出：数据是广泛可用的，所缺乏的是从中提取出知识的能力。数据收集的根本目的是根据需求从数据中提取有用的知识，并将其应用到目标领域之中。不同领域的大数据应用有不同特点，正是因为大数据是广泛存在的，所以大数据问题的解决更具有挑战性；而大数据技术的广泛应用，则促使越来越多的人开始关注和研究大数据问题。

3. 大数据特点

不同的人对大数据有不一样的理解，而理解的差异源于大数据的不同特征，在这些特征中比较具有代表性的是 3V 特征，即大数据需满足 3 个特点：规模性 (Volume)、多样性 (Variety) 和高速性 (Velocity)。有人还尝试在 3V 的基础上增加一个新的特性，即 4V 特性。关于第 4 个 V 的说法并不统一，国际数据公司（International Data Corporation，IDC）认为大数据具有价值性 (Value)，大数据的价值往往呈现出稀疏性的特点。IBM 则认为大数据必然具有真实性 (Veracity)。

1）规模性

规模性指数据量非常庞大、数据存储体量大和计算量大。目前，在线或移动金融交易、社交媒体、GPS 坐标等数据源每天要产生超过 2.5 EB（1EB 为 2^{60}B）的海量数据，因此大数据中的数据不再以 GB 或 TB 为计量单位来衡量，而是以 PB、EB 或 ZB 为计量单位。字节计量单位进制如表 1-2 所示。

表 1-2 字节计量单位进制表

计量单位	解释	进制
B	Byte（字节）	1 B = 8 bit
KB	Kilobyte（千字节）	1 KB = 1024 B
MB	Megabyte（兆字节）	1 MB = 1024 KB

续表

计量单位	解释	进制
GB	Gigabyte（吉字节）	1 GB = 1024 MB
TB	Terabyte（太字节）	1 TB = 1024 GB
PB	Petabyte（拍字节）	1 PB = 1024 TB
EB	Exabyte（艾字节）	1 EB = 1024 PB
ZB	Zettabyte（泽字节）	1 ZB = 1024 EB
YB	Yottabyte（尧字节）	1 YB = 1024 ZB

2）高速性

数据的高速性从以下两方面体现。

（1）数据在不断更新，数据的增长速度十分迅猛。在短短的 60 s 之内，应用程序商店有 4.7 万次下载，推特要处理 100 万条信息，YouTube 用户会上传时长达 48 h 的视频，Google 会收到 200 万次搜索请求并极快地返回结果，网购会产生 27.2 万美元的交易，全球会新增网页 571 个，这些都是数据快速产生的明显标志。

（2）数据存储、传输等处理速度十分迅捷，甚至是实时处理，如灾难预测则需要很快对灾难发生的程度、影响区域范围等进行量化。例如在 2011 年 3 月 11 日日本大地震发生后仅 9 min 后，美国国家海洋和大气管理局（NOAA）就发布了详细的海啸预警。

3）多样性

多样性指数据的种类繁多。数据种类繁多的原因具体包括以下三个方面。

（1）数据来源多，有企业的交易数据、互联网和物联网发展带来的信息数据等多种数据来源。

（2）数据类型多且以非结构化数据为主。大数据中 70%~85% 的数据是以图片、音频、视频网络日志、链接信息等非结构化和半结构化的数据方式出现的。

其中，数据的类型有以下三种。

①结构化数据：关系型数据库所保存的数据。

②半结构化数据：XML 数据。

③非结构化数据：Word，PDF，文本，媒体日志，视频，声音。

（3）数据之间关联性强、交互频繁。如游客在旅游途中上传的照片和日志，就与游客的位置、行程等信息有很强的关联性。

每个人每天都在使用产生大数据的工具。扫描下方二维码了解我们在日常生活中是如何接触大数据的。

大数据在生活中看不见也摸不到，扫描右侧二维码你会发现大数据在日常生活中无处不在。

技能点二　大数据技术介绍

1. 大数据技术

大数据技术是指对数据的采集、传输、处理和应用,是使用非传统的工具对大量的结构化、半结构化和非结构化数据进行处理,从而获得分析和预测结果的一系列数据处理技术,简称大数据技术。

大数据技术主要包括以下内容。

(1)数据采集:使用数据采集工具将分布的、异构数据源中的数据如关系数据、平面数据文件等抽取到临时中间层后进行清洗、转换和集成,并加载到数据仓库或进行数据集中,使其成为联机分析处理、数据挖掘的基础。

(2)数据存取:关系数据库、NoSQL 等。

(3)基础架构:云存储、分布式文件存储(HDFS)等。

(4)数据处理:将采集到的数据针对关键指标进行数据的处理和清洗等。

(5)统计分析:方差分析、回归分析、简单回归分析技术等。

(6)数据挖掘:分类、估计、模型预测(预测模型、机器学习、建模仿真技术等)、结果呈现(云计算、标签云、关系图、可视化技术等)等方式。

2. 大数据处理的基本流程

根据大数据的特征和产生领域分析,大数据的数据来源相当广泛,产生的数据类型和应用处理方法也千差万别。但总体来说,大数据的处理分析流程基本可划分为数据采集、数据处理与集成、数据分析和数据解释 4 个阶段。

1)数据采集

大数据的"大",本身就意味着数据的数量多、种类复杂,因此获取数据信息的方法也显得格外重要。数据采集是大数据处理流程中基础的一步,没有数据何谈大数据分析,目前常用的数据采集手段有传感器收取、射频识别(RFID)和数据检索分类工具(如百度和谷歌等搜索引擎)。

2)数据处理与集成

数据的处理与集成主要是对已经采集到的数据进行适当的预处理、清洗和存储等操作。

3)数据分析

整个大数据处理流程中最核心的部分就是数据分析,在数据分析的过程中,会发现数据的价值所在。传统的数据处理方法已经不能满足大数据时代对数据处理的需求,故需要大数据处理计算进行数据处理。

4)数据解释

在一个完善的大数据处理分析流程中,数据结果的解释步骤很重要。但随着数据量越来越大,数据分析结果往往也越来越复杂,传统的显示数据结果的方法已经不能满足数据分析结果输出的要求。因此,为了提升数据解释、展示能力,现在大部分企业都使用"数据可视化技术"作为展示大数据信息最有力的方式。通过可视化结果分析,企业可以形象地向用户展示数据分析结果,更有利于用户对结果的理解和接受。

整个大数据处理流程可以理解为:在对应工具的辅助下,对来源广泛、结构不同的数据源进行抽取和集成,将结果按照一定标准进行统一存储,并利用合适的数据分析技术对存储数据进行分析,从中提取有益的信息,并利用恰当的方式将结果展现给终端用户。大数据处理的基本流程如图1-1所示。

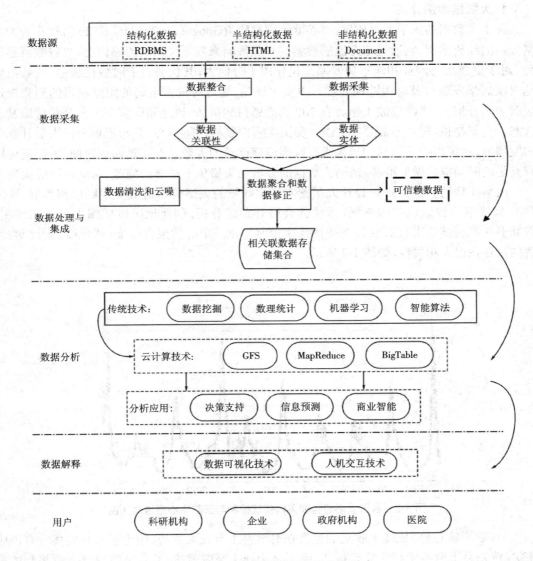

图1-1 大数据处理基本流程图

技能点三 大数据的机遇和挑战

1. 大数据实例介绍

关于大数据的例子不胜枚举。"谷歌流感趋势"(Google Flu Trends，GFT) 常被作为大数据分析的经典案例，它通过跟踪流感搜索词相关数据来判断美国的流感情况。"谷歌流感趋势"对于健康服务产业和流行病专家来说作用十分巨大，其优势在于时效性极强，能够很好地对疾病暴发进行及时跟踪和处理。事实也证明，通过海量搜索词的跟踪获得的趋势报告说服力十分惊人，当时仅波士顿就有 700 例流感得到确认，该地随即宣布进入公共健康紧急状态。也就是说，民众不需要等 CDC（美国疾病控制与预防中心）公布根据就诊人数计算出的发病率，就可以提前两周知道未来医院因流感就诊的人数。有了这两周时间，人们就可以有充足的时间提前做好准备，借助大数据的分析结果避免不必要的痛苦、麻烦和经济损失。

流感疾病监控的原理是设计人员置入一定数量的关键词（如流感症状、肌肉疼痛、胸闷等），只要用户搜索这些关键词，系统就会展开跟踪分析，创建地区流感图表和流感地图。谷歌多次把测试结果（深色线）与美国疾病控制与预防中心的报告结果（浅色线）做比对，两者结论存在很大相关性，如图 1-2 所示。

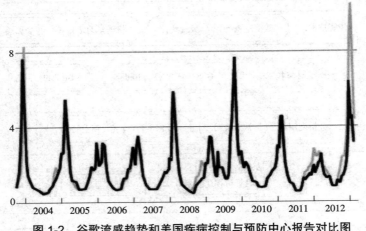

图 1-2 谷歌流感趋势和美国疾病控制与预防中心报告对比图

"谷歌流感趋势"比线下收集的报告在时效性上有很大优势，因为患者只要察觉有流感症状，首先会上网搜索相应症状特征，而不是选择去医院就诊；并且医院或官方收集到的病例只能代表其中小部分患者，轻度患者不会轻易去医院就诊。

想了解谷歌流感案例的详细信息，请扫描下方二维码。

通过对大数据基础理论知识的学习，了解到大数据作用原来如此之大，扫描右侧二维码了解一下谷歌流感案例吧。

从了解的诸多大数据实例可以发现，发展大数据产业将推动世界经济的发展方式由粗放型向集约型转变，这对于提升企业综合竞争力和政府宏观调控能力具有深远的意义。将大量的原始数据汇集在一起，通过智能分析和数据挖掘等技术分析数据中潜在的规律，以预测以后事物的发展趋势，有助于人们做出更准确的决策，从而提高各领域的运行效率，以取得更大的收益。

2. 大数据时代面临的挑战

大数据时代面临的挑战是多方面的，具体如下。

（1）存储数据需要占用大量的空间，虽然存储性价比不断在提高，压缩技术也在不断发展更新，保存数据的消耗也在大量增长，数据的保存每时每刻都在消耗资源。这就是大数据对数据存储技术、存储空间、压缩技术和能源消耗的挑战。因此，解决数据存储问题就需要研制出新一代高密度、低能耗的存储设备。

（2）数据本身安全问题及个人隐私面临的挑战。在海量数据中，线上对话与在线交易活动日益增加，但其安全问题更值得关注。大数据环境下需要对用户数据进行深度分析，才能了解用户的行为和喜好，但这会导致企业的商业机密及个人隐私泄露。

保障数据安全及应对个人隐私泄露的办法有：

①通过物理隔离与权限控制相结合，实现对数据的隔离，保证数据不被非法访问，并保证用户的隐私不被泄露；

②通过信息加密的功能，防止用户信息被盗取，用户的关键信息，如登录密码和系统访问等其他鉴权信息，无论是在传输时还是在存储时都必须加密；

③通过对硬盘实施有效的保护，保证即使硬盘被窃取，非法用户也无法从硬盘中获取有效的用户数据，将数据切片存储在不同的云存储节点和硬盘上，使数据无法通过单个硬盘恢复，故障硬盘无须进行数据清除即可直接废弃，用户数据不会通过硬盘泄露；

④通过立法来保障企业的商业机密及个人隐私不被非法使用。

（3）网络带宽和数据处理能力面临的挑战。网络带宽是大数据处理的瓶颈，尤其是在各网络接入商之间互联互通的网络接口上，大数据时代网络必须有足够的带宽支持，才能保证数据的实时性和快速性。数据处理能力是支持数据快速发展的又一前提条件，采用分布式计算可以解决其中的一些问题。

（4）有效数据信息获取面临的挑战。从海量数据中提取隐含在其中的有用信息和知识的过程十分复杂，需要反复"去伪存真"，通常要经过业务理解、数据理解、数据准备、建立挖掘模型、评估和部署等多个步骤。在开始数据分析之前，必须了解业务需求，根据需求明确业务目标和要求；再对现有数据进行评估，并对原始数据进行组织、清理、集成和变换等一系列数据收集和预处理工作；在数据清理的基础上，应用相关算法和工具建立分析模型；然后对所建立的模型进行评估，重点考虑得出的结果是否符合最初的业务目标；最后便可将发现的结果以及过程利用各种可视化技术（报表、报告、图形等）呈现出来。

3. 大数据处理工具

对于大数据时代面临的挑战，很多企业提供了各式各样的解决方案，其中 Hadoop 技术以绝对优势脱颖而出。Hadoop 是目前最为流行的大数据离线处理平台。它是由 Apache 基金会开发的开源软件，是具有可靠性高、扩展性好等特点的分布式计算存储系统 (Hadoop Distributed File System，HDFS)，它的 logo 为一个黄色小象，如图 1-3 所示。

图 1-3 Hadoop 的 logo 图

Hadoop 框架可以轻松地通过一台服务器扩展到数千台服务器，它们联合在一起对大数据进行存储和计算，而且每一台服务器都具有存储和计算能力。用户可以在不了解 Hadoop 底层原理的情况下，开发分布式程序，不仅能够十分方便地利用集群的强大能力进行程序运算，还可以解决高可用问题。Hadoop 系统具有高容错性的特点，一般部署在低廉的硬件上，而且它提供高吞吐量来访问应用程序的数据，适合那些有着超大数据集的应用程序。

Hadoop 的框架核心设计是 HDFS 和 MapReduce。HDFS 为海量数据提供存储，而 MapReduce 为海量数据提供计算。

Hadoop 项目主要包括以下四个部分。

（1）Hadoop Common：支撑其他模块。
（2）Hadoop Distributed File System：分布式系统对应用提供高吞吐量的访问。
（3）Hadoop Yarn：资源管理和任务调度的一个框架。
（4）Hadoop MapReduce：能够并行处理大数据集的 Yarn 基本系统。

技能点四　Hadoop 及其生态体系

1. Hadoop 的特点

Hadoop 作为比较流行的分布式开源项目，提供了存储和处理海量数据的能力。Hadoop 具有以下几个特征。

1）高可扩展性

Hadoop 是一个可高度扩展的处理平台，可以存储和分发横跨数百个并行（parallel）操作的廉价服务器数据集群，能可靠地存储和处理拍字节（PB）数据。不同于传统的关系型数据库不能扩展到处理大量的数据，Hadoop 是能给企业提供成百上千 TB 级数据在数据节点上运行的应用程序。

2）成本效益良好

Hadoop 为企业用户提供了极具成本效益的存储解决方案。传统的关系型数据库管理系统的问题在于不能满足海量数据的处理要求，不符合企业的成本效益。Hadoop 的架构则不同，其被设计为一个向外扩展的架构，可以存储公司的所有数据供以后使用，节省的费用非常惊人。Hadoop 可以通过普通机器组成的服务器群来分发以及处理任务数据，这些服务器群总计可达数千个节点，甚至更多。与一体机、商用数据仓库相比，Hadoop 是开源的，项目的软件成本会大大降低。

3）灵活性更好

Hadoop 能够帮助企业轻松地访问数据源和不同类型的数据，并分析这些数据的价值。这意味着企业可以利用 Hadoop 的灵活性从社交媒体、电子邮件或点击流量等数据源获得宝贵的商业价值。此外，Hadoop 的用途非常广，如数据处理、推荐系统、数据仓库、市场活动分析以及欺诈检测等。

4）处理速度更快

Hadoop 拥有独特的存储方式，用于数据处理的工具通常与数据存放在相同的服务器上，从而能够更快地处理数据，如果需要处理大量非结构化数据，Hadoop 能够有效地在几分钟内处理 TB 级数据。通过分发数据，Hadoop 可以在数据的所有节点上并行处理，这使得处理变得快速高效。

5）容错能力强

Hadoop 的关键优势就是具有很强的容错能力。当数据发送到一个单独的节点，该数据也被复制到集群的其他节点上，这意味着如果某一节点发生故障，存在另一个副本可供使用。Hadoop 能自动地维护数据的多份副本，一般默认备份为 3 份，一旦某个节点上的数据损坏或丢失，立刻将失败的任务重新分配，并在任务失败后能够自动地重新部署（Redeploy）计算任务。

2. Hadoop 核心体系

Hadoop 核心体系由 HDFS 和 MapReduce 两个子系统组成，能够自动完成大任务计算和大数据存储的分隔工作。

HDFS 是 Hadoop 的存储系统，能够实现创建文件、删除文件和移动文件等功能，操作的数据主要是需要处理的原始数据以及计算过程中的中间数据，实现 Hadoop 高吞吐率的数据读写。

MapReduce 是一种并行编程模型，使软件开发者可以轻松地编写出分布式并行程序。在 Hadoop 的结构体系中，MapReduce 是一个简易的软件框架，可以将任务分发到由上千台商用机器组成的集群上，并以一种高容错的方式并行处理大量的数据集，实现 Hadoop 并行任务处理功能。

3.Hadoop 子项目及其介绍

近几年随着 Hadoop 的发展，现在 Hadoop 已经包含了很多项目，这些项目可以称为 Hadoop 的子集，例如 HBase、Hive、Yarn、ZooKeeper、Sqoop 和 Flume 等。这些子项目对 Hadoop 的核心具有良好的补充作用。如图 1-4 所示为 Hadoop 生态体系结构。

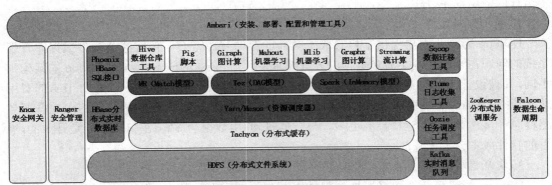

图 1-4　Hadoop 生态体系结构

下面分别对以上部分子项目进行介绍。

1）Yarn

Yarn 是 MapReduce 下一代，即 MRv2，在第一代 MapReduce 基础上演变而来，主要是为了解决原始 Hadoop 扩展性较差、不支持多计算框架而提出的。Yarn 是一个通用的运行时框架，用户可以编写自己的计算框架，并在该运行环境中运行。

将自己编写的框架作为客户端的一个 lib，在运用提交作业时打包即可。该框架提供了以下几个功能。

（1）资源双层调度。

（2）扩展性：可扩展到上万个节点。

（3）容错性：各个组件均有容错性。

（4）资源管理：包括应用程序管理和机器资源管理。

2）ZooKeeper

ZooKeeper 是一个分布式的、具有高可用性的协调服务，提供分布式锁之类的基本服务，用于构建分布式应用，为 HBase 提供稳定服务和失败恢复机制。ZooKeeper 是 Google 的 Chubby 克隆版，解决了分布式环境下的数据管理问题——统一命名、状态同步、集群管理、配置同步等。

Hadoop 的许多组件依赖于 ZooKeeper，它运行在计算机集群上面，用于管理 Hadoop 操作。

3）Hive

Hive 最早是由 Facebook 设计，是一个建立在 Hadoop 基础之上的数据仓库工具，它提供了一些对存储在 Hadoop 文件中的数据集进行数据整理、特殊查询和分析的工具。Hive 提供的是一种结构化数据的机制，它支持类似于传统 RDBMS 中的 SQL 语言帮助熟悉 SQL 的用户查询 Hadoop 中的数据，该查询语言称为 HiveQL。

4）HBase

HBase 是 Hadoop 项目的子项目，位于结构化存储层，是一个分布式的列存储数据库。该技术来源于 Google 的论文《Bigtable：一个结构化数据的分布式存储系统》。如同 Bigtable 利用了 Google 文件系统（Google File System）提供的分布式数据存储方式一样，HBase 在 Hadoop 之上提供了类似于 Bigtable 的功能。HBase 不同于一般关系数据库的原因有二：其一，HBase 是一个适合于存储非结构化数据的数据库；其二，HBase 是基于列而不是基于行的模式。

5）Sqoop

Sqoop 是 SQL-to-Hadoop 的缩写，主要用于在传统数据库和 Hadoop 之间传输数据。数据的导入和导出本质上是 MapReduce 数据处理，充分利用了 MR 的并行化和容错性特点。

Sqoop 利用数据库技术描述数据架构，用于在关系数据库和 Hadoop 之间转移数据。

6）Flume

Flume 是开源的日志收集系统，具有分布式、高可靠性、高容错性、易于定制和扩展的特点。它将数据从产生、传输、处理并最终写入目标路径的过程抽象为数据流，在具体数据流中，数据源支持在 Flume 中定制数据发送方，从而支持收集各种不同协议数据。同时，Flume 数据流能够对日志数据进行简单处理，如过滤、格式转换等。此外，Flume 还具有将日志写往各种数据目标（可定制）的能力。

总体来说，Flume 是一个可扩展、适合复杂环境的海量日志收集系统。当然也可以用于收集其他类型数据。

4.Hadoop 企业级应用

新兴大数据技术使得技术界对 Hadoop 的关注越来越高。但在实际生产中，企业还是遵循既有模式，对于 Hadoop 到底能否真正帮到企业依然心存疑问。如 Hadoop 是否成熟、这个开源的技术能否符合公司当前业务级的严谨要求等问题。这可以理解为毕竟每一个新生技术产生、发展都要有一个被接受的过程。

虽然"大数据"一词才出现不久，但它提到的海量、多类型的数据现象很早之前已经拥有，在互联网、商业、工业、通信、金融和传媒等领域已存在良久。如通信系统全程全网的实时日志文件采集与分析、生产线上巨量传感器数据的接收分析和医疗系统密集数据采集与分析等，所有这些都需要新型的数据处理技术来支撑。Hadoop 在这些领域突显了强大竞争力，并在国内外的相关实践中获得广泛应用。

典型的基于 Hadoop 企业级应用内部结构如图 1-5 所示。在这些应用中，有数据存储层、数据处理层、实时访问层和安全层。实现这样一个架构，不仅需要了解相关 Hadoop 组件的 API，而且还要了解它们的功能和局限性以及每个组件在整个架构中所扮演的角色。

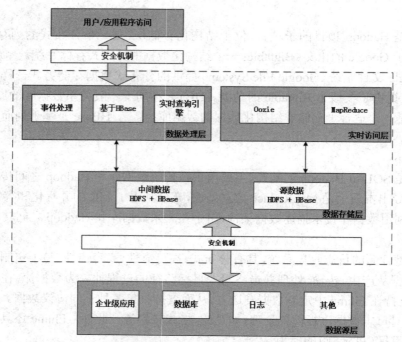

图 1-5 典型的基于 Hadoop 企业级应用内部结构

数据存储层由源数据和中间数据两部分组成。源数据是可以从外部获取的数据，外部数据包括企业级应用、外部数据库、执行日志和其他数据源。中间数据是 Hadoop 执行得到的结果，可以用于 Hadoop 实时应用，也可以发送给其他应用和最终用户。

众多非 IT 型企业不具备自我开发条件，因此限制了 Hadoop 在企业的发展。但随着专注于企业级市场的 Hadoop 发行版的技术公司的出现，这个问题将迎刃而解。从此，各类型企业终于可以真正地安心驾驭企业化"大数据浪潮"。

技能点五　Persona 项目介绍

1.Persona 背景

在互联网技术快速发展的今天，以大数据为代表的新兴技术正在引领互联网的发展。大数据技术在为其他技术提供基础的同时，其自身也在迅猛发展。在电商类企业中，如何使用大数据技术对目标用户进行行为分析，从而进行定制化服务，是其一直关心的问题。

Persona 就是根据用户的基本属性、社会属性、行为倾向、生活习惯、兴趣偏好和消费行为等信息而抽象出的一个标签化用户模型，也叫"用户画像"。构建 Persona 项目的核心步骤是给用户贴"标签"，而标签是通过对用户信息分析后得到的高度精练的特征标识。用户标签化如图 1-6 所示。

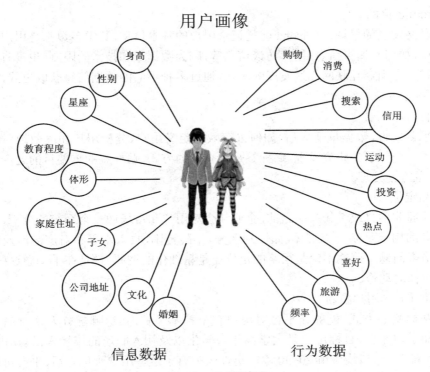

图 1-6　用户标签化

如果一个用户经常购买玩偶玩具，电商网站即可根据玩偶玩具的购买情况给该用户贴上标签——"有孩子"，甚至还可以判断出孩子大概的年龄，如贴上"有 5~10 岁的孩子"这样更为具体的标签，而这些所贴的标签统计在一起，就可以描绘出用户画像，因此也可以说用户画像就可以判断一个人是什么样的人。

除去"标签化"，用户画像还具有"低交叉率"的特点，当两组用户画像除了权重较小的标签外其余标签几乎一致时，那就可以将二者合并，弱化低权重标签的差异。

用户标签分析还可能遇到多对一或一对多问题。

1）一个用户对应多台终端

用户可能有一个身份 ID，但是可能有多个手机，这就意味着会有多个移动终端的使用行为，多个终端产生的行为分别代表这个用户的不同特征，只有将这些终端产生的数据拼接起来才能构成完整的用户画像。

2）多个用户对应一台终端

对于一个家庭共用 iPad，父亲用 iPad 查收邮件，母亲用 iPad 购物，孩子用 iPad 玩游戏，这一个 iPad 代表了多个用户实体的行为特征，并且无法分拆。

所以，要想唯一完整地定义一个实体其实十分困难。因此，在业务领域中追求标签的完整性有时是一个很难达到的目标。反过来，应该更多地关注标签的代表性，无论是一对多还是多对一，只要能通过标签筛选出想寻找的受众群体即可，即便是家庭公用的 iPad，有游戏标签就表明该家庭中有成员有该方面的兴趣偏好。

2. Persona 目的

在互联网发展的早期，Persona 就是记录用户的基本信息，其中多数都是用户自己输入的静态数据，如问卷调查信息、用户访谈信息等，因为数据量和技术的限制，也没有过多的数据获取方式。在当今互联网飞速发展的时代，通过多种不同的数据信息获取方式，可以达到以下目的。

1）数据分析

对于平台来说，数据量变大后，如何去有效地定义用户、分析用户和高效地对用户进行描述就成了一个问题。研究发现，贴标签是最有效的方式，贴标签的重要目的之一是让人能够理解，并且方便处理。

2）产品定位

在设计商业项目或者新产品之前，企业都会对用户和市场做一个系统的分析，了解产品或服务面向的用户是哪一类群体，如性别区分、年龄范围、收入水平和对产品涉及领域的消费观念等诸多问题。前期不论是粗略的定位还是精细化的调研，都是在手动做这些贴标签、建立用户画像的动作。

3）精准推广/用户拉新

通过贴标签的方式，能够让平台对用户有个基本了解，知道哪部分人是自己的目标用户。如技能学习平台，目标用户是大学高年级学生以及初入职场的年轻人；运动内容平台，目标用户可能是一、二线城市 20~30 岁的男性……有了这些用户画像之后，平台可以精准地去寻找渠道，使广告效益最大化。

4）个性化服务

用户产生的数据越来越多，平台提供的内容、服务也越来越多，如何针对不同用户提供不同内容，降低用户筛选内容、服务的成本——可以向经常关注数码产品的人推荐哪些内容，了解喜欢运动的男性通常会购买哪些商品，甲用户和乙用户的标签非常相似，甲购买的哪些商品是可以推荐给乙的，以上就是精细化运营和推荐系统所涉及的任务。

Persona 是在了解客户需求和消费能力以及客户信用额度的基础上，寻找潜在产品的目标客户，并利用画像信息为客户推荐产品。Persona 一词具有很重的场景因素，不同企业对于 Persona 有着不同的理解和需求。如金融行业和汽车行业对于 Persona 需求的信息完全不一样，信息维度也不同，对画像结果要求也不同。每个行业都有一套适合自己用户的画像方法，但是其核心都是为客户服务。Persona 本质就是从业务角度出发对用户进行分析，了解用户需求，寻找目标客户。金融企业则是利用统计的信息，开发出适合目标客户的产品。

从商业角度出发的 Persona 对企业具有很大的价值，Persona 项目的目的有两个：一个是从业务场景出发，寻找目标客户；另一个是参考 Persona 项目的信息，为用户设计产品或开展营销活动。

3. Persona 使用

如何进行人物画像完全取决于业务目标（需要怎样的画像标签）和原材料（有什么类型的数据源），基于这两样才能确定使用什么样的模型设计和数据计算处理方式。就像做菜一样，要做一顿美味晚餐，必须知道客户是想吃中餐还是西餐，配菜都有哪些，然后才能确定牛肉是红烧还是煎炸。

如果想知道某个人的真实性别（男/女），在没有详细真实数据的前提下，可以采取如下方法处理：选取少量真实样本，使用这些真实样本追加一些特征因子，使用算法进行样本扩展，将该少数样本特征扩展到大量或者全量数据。当然，这些数据的准确度取决于样本的均衡程度和算法质量。

如果需要判断某人是否购买男性衣服，先不去判断真实购买男装的是否是男性（很多已婚人士是妻子负责网购丈夫的物品），仅考虑将来该网络账户实体是否会购买男装，则需要"男装购买倾向"的标签，可以直接基于账户实体所有以往购买记录来计算处理该标签。

所以说，针对不同行业、不同应用场景，需要使用不同数据源进行不同的标签设计和计算。

常用标签有以下几点。

(1) 人口属性：包含性别、年龄等人的基本特征。
(2) 资产情况：车辆、房产、收入等资产特征。
(3) 兴趣特征：阅读资讯、运动健康等兴趣偏好。
(4) 消费特征：网上或线下消费类别、品牌等特征。
(5) 位置特征：常住城市、职住距离等。
(6) 设备属性：使用终端的特性等。

要支持以上这些标签的设计和计算，需要多种维度的数据源。

(1) 产生维度：包含 PC 端数据、移动终端数据、线下数据。
(2) 数据拥有者：包含客户自己的数据、外部官方渠道数据、市场采集数据。
(3) 数据类型：社交数据、交易数据、位置数据、运营商数据等。

使用这些非同源的数据计算处理业务需要的标签，一般都会经过以下几步。

(1) 数据抽取：从不同数据源抽取要计算标签的数据原材料。
(2) 数据标准化：针对抽取的数据，将其清洗为标准格式，将其中的错误数据和无效数据剔除。
(3) 数据打通：不同来源的数据有不同的主键和属性，如何将这些数据关联起来是数据打通的关键，如有设备的 Wi-Fi 信息，又有设备的 POI 信息，就可以通过 Wi-Fi 将设备终端和 POI 建立起关联。
(4) 模型设计：针对不同的数据内容和业务目标设计不同的规则以及算法进行模型的构建，并使用样本数据验证模型的可靠性。
(5) 标签计算：在模型可靠性验证的基础上，部署生产运营环境进行标签计算。

假如需要针对移动终端人群设计一个大学生标签，但并没有每个大学生的入学信息和证件信息，该如何操作呢？首先进行业务分析，发现大学生的行为特征：一般大学生都会在大学校园内活动比较多，可以找到全国 2 000 多所高校的位置，根据移动终端设备的位置信息筛选"大学生"人群；另外大学生可能还会使用一些特殊的 APP，如考研类、英语四六级、超级课程表等这些特殊 APP，可以通过 APP 进行"大学生"人群的筛选。如果不用算法，就只用规则，找精确寻找"大学生"人群，可以将位置和 APP 行为两个特征叠加使用；如果想要扩展样本进行大规模广告投放，可以考虑含有位置、APP 行为任意一个特征的人群，同时还可以通过算法进行样本扩展。

任务实施

在完成 Hadoop 集群搭建的基础上，登录 Linux 虚拟机并分别启动本项目所需 ZooKeeper 服务、Hadoop 服务和 HBase 数据库服务。

第一步：启动 Linux 系统，使用 root 用户登录系统。

第二步：在所有节点分别启动 Hadoop 协调服务工具 ZooKeeper。以 master 节点为例，如示例代码 CORE0101 所示，分别查看各节点进程状况和角色分配，如图 1-7 至图 1-10 所示。

示例代码 CORE0101 启动 ZooKeeper 服务
[root@master ~]# /usr/local/zookeeper/bin/zkServer.sh start [root@master ~]# /usr/local/zookeeper/bin/zkServer.sh status

```
[root@master ~]# /usr/local/zookeeper/bin/zkServer.sh start
JMX enabled by default
Using config: /usr/local/zookeeper/bin/../conf/zoo.cfg
Starting zookeeper ... STARTED
[root@master ~]# /usr/local/zookeeper/bin/zkServer.sh status
JMX enabled by default
Using config: /usr/local/zookeeper/bin/../conf/zoo.cfg
Mode: follower
```

图 1-7　master 节点启动 ZooKeeper 服务

```
[root@masterback ~]# /usr/local/zookeeper/bin/zkServer.sh start
JMX enabled by default
Using config: /usr/local/zookeeper/bin/../conf/zoo.cfg
Starting zookeeper ... STARTED
[root@masterback ~]# /usr/local/zookeeper/bin/zkServer.sh status
JMX enabled by default
Using config: /usr/local/zookeeper/bin/../conf/zoo.cfg
Mode: follower
```

图 1-8　masterback 节点启动 ZooKeeper 服务

```
[root@slave1 ~]# /usr/local/zookeeper/bin/zkServer.sh start
JMX enabled by default
Using config: /usr/local/zookeeper/bin/../conf/zoo.cfg
Starting zookeeper ... STARTED
[root@slave1 ~]# /usr/local/zookeeper/bin/zkServer.sh status
JMX enabled by default
Using config: /usr/local/zookeeper/bin/../conf/zoo.cfg
Mode: leader
```

图 1-9　slave1 节点启动 ZooKeeper 服务

项目一　Hadoop 介绍　　19

```
[root@slave2 ~]# /usr/local/zookeeper/bin/zkServer.sh start
JMX enabled by default
Using config: /usr/local/zookeeper/bin/../conf/zoo.cfg
Starting zookeeper ... STARTED
[root@slave2 ~]# /usr/local/zookeeper/bin/zkServer.sh status
JMX enabled by default
Using config: /usr/local/zookeeper/bin/../conf/zoo.cfg
Mode: follower
```

图 1-10　slave2 节点启动 ZooKeeper 服务

第三步：启动 NameNode 数据共享进程 JournalNode（仅在 master 节点执行），并查看进程状态，如示例代码 CORE0102 所示，结果如图 1-11 所示。

示例代码 CORE0102 启动 NameNode 数据共享进程 JournalNode
[root@master ~]# /usr/local/hadoop/sbin/hadoop-daemons.sh start journalnode

```
[root@master ~]# /usr/local/hadoop/sbin/hadoop-daemons.sh start journalnode
slave1: starting journalnode, logging to /usr/local/hadoop/logs/hadoop-root-journalnode-slave1.out
slave2: starting journalnode, logging to /usr/local/hadoop/logs/hadoop-root-journalnode-slave2.out
```

图 1-11　启动 NameNode 数据共享进程 JournalNode

第四步：格式化 zkfc，在 ZooKeeper 中生成 ha 节点，格式化 NameNode（仅在 master 节点执行），如示例代码 CORE0103 所示。

示例代码 CORE0103 格式化
[root@master ~]# hdfs zkfc -formatZK
[root@master ~]# hadoop namenode -format

第五步：将 master 节点上生成的 HDFS 文件夹拷贝到 masterback 节点，如示例代码 CORE0104 所示。

示例代码 CORE0104 拷贝文件
[root@master ~]# scp -r /usr/local/hadoop/hdfs/ masterback:/usr/local/hadoop

第六步：通过"jps"指令查看当前进程，启动 Hadoop 集群服务（仅在 master 节点执行）。指令如示例代码 CORE0105 所示，效果如图 1-12 所示。

示例代码 CORE0105 启动 Hadoop 集群服务
[root@master ~]# jps
[root@master ~]# start-all.sh
[root@master ~]# jps

```
[root@master ~]# jps
2784 QuorumPeerMain
23729 Jps
[root@master ~]# start-all.sh
This script is Deprecated. Instead use start-dfs.sh and start-yarn.sh
18/03/16 00:59:36 WARN util.NativeCodeLoader: Unable to load native-hadoop library for your platform... using builtin-java classes where applicable
Starting namenodes on [master masterback]
master: starting namenode, logging to /usr/local/hadoop/logs/hadoop-root-namenode-master.out
masterback: ssh: connect to host masterback port 22: No route to host
slave2: starting datanode, logging to /usr/local/hadoop/logs/hadoop-root-datanode-slave2.out
slave1: starting datanode, logging to /usr/local/hadoop/logs/hadoop-root-datanode-slave1.out
Starting journal nodes [slave1 slave2]
slave1: starting journalnode, logging to /usr/local/hadoop/logs/hadoop-root-journalnode-slave1.out
slave2: starting journalnode, logging to /usr/local/hadoop/logs/hadoop-root-journalnode-slave2.out
18/03/16 00:59:58 WARN util.NativeCodeLoader: Unable to load native-hadoop library for your platform... using builtin-java classes where applicable
Starting ZK Failover Controllers on NN hosts [master masterback]
master: starting zkfc, logging to /usr/local/hadoop/logs/hadoop-root-zkfc-master.out
masterback: ssh: connect to host masterback port 22: No route to host
starting yarn daemons
starting resourcemanager, logging to /usr/local/hadoop/logs/yarn-root-resourcemanager-master.out
slave1: starting nodemanager, logging to /usr/local/hadoop/logs/yarn-root-nodemanager-slave1.out
slave2: starting nodemanager, logging to /usr/local/hadoop/logs/yarn-root-nodemanager-slave2.out
[root@master ~]# jps
2784 QuorumPeerMain
23345 ResourceManager
23729 Jps
22994 NameNode
23260 DFSZKFailoverController
```

图 1-12 启动 Hadoop 集群服务

第七步：在 masterback 上同步 NameNode 的数据，手动启动 resourcemanager，如示例代码 CORE0106 所示。

示例代码 CORE0106 同步数据

```
[root@masterback ~]# hdfs namenode -bootstrapStandby
[root@masterback ~]# yarn-daemon.sh start resourcemanager
```

第八步：启动 HBase 服务，如示例代码 CORE0107 所示，效果如图 1-13 和图 1-14 所示。

示例代码 CORE0107 启动 HBase 服务

```
[root@master ~]# start-hbase.sh
```

```
[root@master ~]# start-hbase.sh
starting master, logging to /usr/local/hbase/logs/hbase-root-master-master.out
Java HotSpot(TM) 64-Bit Server VM warning: ignoring option PermSize=128m; support was removed in 8.0
Java HotSpot(TM) 64-Bit Server VM warning: ignoring option MaxPermSize=128m; support was removed in 8.0
slave1: starting regionserver, logging to /usr/local/hbase/logs/hbase-root-regionserver-slave1.out
slave2: starting regionserver, logging to /usr/local/hbase/logs/hbase-root-regionserver-slave2.out
[root@master ~]# jps
17683 DFSZKFailoverController
17780 ResourceManager
18821 HMaster
16630 QuorumPeerMain
17373 NameNode
18926 Jps
```

图 1-13　master 节点进程

```
[root@slave2 ~]# jps
127922 HRegionServer
127988 Jps
127254 DataNode
126633 QuorumPeerMain
127051 JournalNode
127402 NodeManager
```

图 1-14　分支节点进程

本任务主要对大数据及大数据处理工具 Hadoop 进行介绍，详细讲解大数据背景、发展和前景。通过讲述大数据时代人们面临的机遇与挑战，学习如何处理海量的数据，简单了解 Persona 项目介绍。通过对 Hadoop 生态体系的学习，掌握大数据处理的基本框架组成，并为完成 Persona 项目打下基础。

Set	集	Volume	体积
Variety	多样性	Velocity	高速性
International	国际的	Reliably	可靠地
Value	值	Veracity	真实性

Natural	自然	Language	语言
Processing	处理	Understanding	理解
Artificial	人工的	Intelligence	智能的
Classification	分类	Estimation	估计
Prediction	预测	Clustering	聚类
Description	描述	Visualization	可视化
Throughput	吞吐量	Distributed	分布式的、分发式的
Parallel	并行的	Redeploy	重新部署
Tolerant	容错性		

1. 选择题

（1）Hadoop 的创始人是（　　）。
A.Martin Fowler　　　B.Kent Beck　　　C.Doug Cutting　　　D.Mohanmode

（2）非结构化数据不包括（　　）。
A.PDF　　　B. 视频　　　C. 声音　　　D.XML 文档

（3）大数据特性不包括（　　）。
A. 多样性　　　B. 高速性　　　C. 价值性　　　D. 容错性

（4）下列哪项通常是集群的最主要性能瓶颈（　　）。
A.CPU　　　B. 网络　　　C. 内存　　　D. 磁盘

（5）一个 gzip 文件大小为 75 MB，客户端设置 Block 大小为 64 MB，请问其占用几个 Block（　　）。
A.1　　　B.2　　　C.3　　　D. 4

2. 判断题

（1）Hadoop 支持数据的随机写。　　　　　　　　　　　　　　　　　　　　　　　（　　）

（2）NameNode 负责管理 Metadata，Client 端每次读写请求，它都会从磁盘中读取或者会写入 Metadata 信息并反馈给 Client 端。　　　　　　　　　　　　　　　　　　　　（　　）

（3）MapReduce 的 input split 就是一个 Block。　　　　　　　　　　　　　　（　　）

（4）Hadoop 默认调度器策略为 FIFO，并支持多个 Pool 提交 Job。　　　　　　（　　）

（5）Hadoop1.0 和 2.0 都具备完善的 HDFS HA 策略。　　　　　　　　　　　　（　　）

3. 简答题

（1）大数据的特点有哪些？

（2）大数据时代面临的挑战有哪些？

（3）Hadoop 作为比较流行的分布式开源项目具有哪些特征？

项目二　分布式文件系统（HDFS）

通过完成 Persona 项目中分布式文件系统的目录创建、数据上传和下载等任务，了解 HDFS 发展来源，掌握 HDFS 读写数据方式，熟练使用 HDFS Shell 命令，掌握 Python 操作文件系统方式，在任务实施过程中：

- 了解 HDFS 概念和架构设计；
- 熟练使用 HDFS Shell 命令操作和管理操作；
- 掌握 Python hdfs 库的使用；
- 掌握 HDFS 文件创建和文件上传。

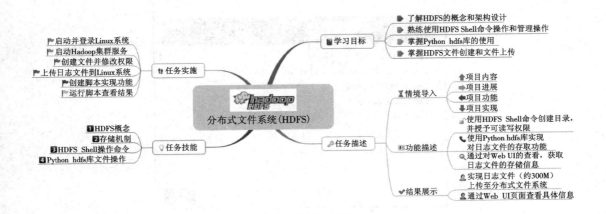

【情境导入】

Persona 项目主要通过对用户行为的日志文件进行分析,从而了解用户的需求。在分析日志文件之前,如何对日渐增加的日志文件进行存储,是当下最为重要的问题。而 Hadoop 中的 HDFS(分布式文件系统)为海量数据文件的存储提供了良好的平台。HDFS 能够对海量数据文件进行分块存储,同时通过自身数据备份机制保证数据的完整性。本任务主要通过使用 HDFS Shell 命令,实现在分布式文件系统中创建目录并上传用户日志文件的功能。

【功能描述】

- 使用 HDFS Shell 命令创建目录,并授予可读写权限;
- 使用 Python hdfs 库实现对日志文件的存取功能;
- 通过对 Web UI 的查看,获取日志文件的存储信息。

【结果展示】

通过对本任务的学习,实现将日志文件(约 300 MB)上传至分布式文件系统,并通过 Web UI 页面查看具体信息,该日志文件共分为三个数据块分别存放在 Slave1 和 Slave2 的不同节点上。最终效果如图 2-1 至图 2-3 所示。

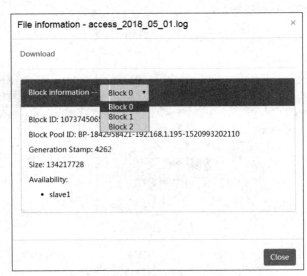

图 2-1　第一块信息

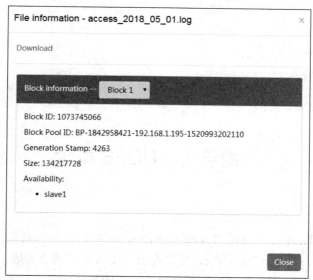

图 2-2　第二块信息

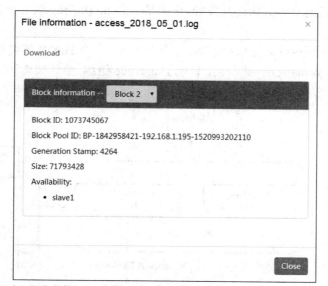

图 2-3　第三块信息

技能点一　HDFS 概念

1.HDFS 介绍

HDFS(Hadoop Distributed File System) 是 Hadoop 分布式文件系统，设计运行在普通硬件之上。HDFS 源自 Google 2003 年 10 月发表的论文"GFS"的克隆版。它和现有的分布式文件系统有很多共同点，同时也有很大的不同之处。HDFS 减弱了一部分 POSIX（可移植操作系统接口）约束，以实现流式读取文件系统数据的目的。HDFS 最开始是作为 Apache Nutch 搜索引擎项目的基础架构而开发的，现在是 Apache Hadoop 核心项目的一部分。

2. 架构介绍

HDFS 采用 Master/Slave 架构（服务器主从架构）。一个 HDFS 集群是由一个 NameNode、一个 Secondary NameNode 和一定数目的 DataNode 组成，整体架构如图 2-4 所示。

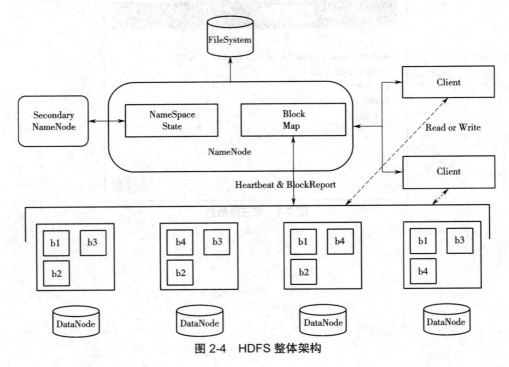

图 2-4　HDFS 整体架构

HDFS 具体解释如表 2-1 所示。

表 2-1　HDFS 名词解释

名词	解释
NameNode（NN）	管理数据块映射；处理客户端的读写请求；配置副本策略；管理 HDFS 的名称空间
NameSpace State	名称空间状态
Block Map	记录数据所在块位置
SecondaryNameNode	分担 NameNode 的工作量；合并 fsimage（源数据镜像文件）和 edits（源数据的操作日志），然后再发给 NameNode；fsimage 和 edits 是 NameNode 中的重要文件
DataNode（DN）	负责存储 Client（客户端）发来的 Block 数据块请求；执行数据块的读写操作
Block（b1,b2,b3）	数据块，存储数据

HDFS 暴露了文件系统的名称空间，用户能够以文件的形式存储数据。从内部看，一个文件被分割为一个或多个数据块，这些数据块被存储在不同的 DataNode 上。NameNode 是 HDFS 的管理节点，用于操作文件系统的命名空间，如打开、关闭和重命名文件和目录，同时决定数据块和 DataNode 的映射关系。DataNode 是 HDFS 的存储节点，用于处理数据的读写请求，同时执行数据块的创建、删除和来自 NameNode 的任务指令。

唯一管理节点的设计大大简化了整个体系结构，管理节点负责 Hadoop 文件系统中所有元数据的管理和存储。这样的设计使数据不会脱离管理节点的控制。

技能点二　存储机制

1. 设计理念

HDFS 设计首要是针对超大文件存储，对于小文件的访问和存储速度反而会降低。另外，HDFS 采用了高效的流式访问模式，明显的特点就是"一次写入，多次读取"，它运行在普通的硬件之上，即使硬件出现故障，也可以通过容错来保证数据的完整性。

块（Block）是 HDFS 核心的概念，用来存储数据，一个大的文件会被拆分成很多个小块。HDFS 采用抽象的块概念，具有以下几个明显的好处。

（1）支持大规模文件存储：文件以块为单位进行存储，一个大文件可以被分拆成若干个文件块，不同的文件块可以被分发到不同的节点上，因此一个文件的大小不会受到单个节点存储容量的限制，可以远远大于网络中任意节点的存储容量。

（2）简单的系统设计：首先，它在很大程度上简化了存储管理，因为文件块大小是固定的，因此可以很容易计算出一个节点可以存储多少个文件块；其次，方便了元数据的管理，元数据不需要和文件块一起存储，可以由其他系统负责管理。

（3）适合备份数据：每个文件块都可以备份存储到多个节点上，提高了系统的容错性和可用性。

HDFS 默认一个块的大小为 128 MB，一个文件可以被分成多个块，以块作为存储单位。

块的大小远远大于普通文件系统,因此可以最小化寻址开销。具体存储方式如图 2-5 所示。

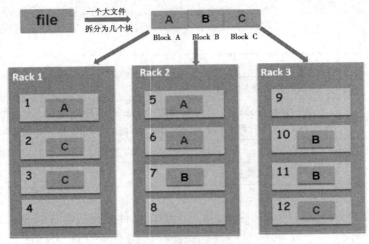

图 2-5　HDFS 存储机制

例如:一个 file(大小为 300 MB),拆分为 A(128 MB)、B(128 MB)、C(44 MB)三个块。

(1)A 块存储在机架 1(Rack1)的节点 1 上。A 块第一次备份在机架 2 的节点 5 上,第二次备份在机架 2 的节点 6 上。

(2)B 块存储在机架 2 的空闲节点 7 上。B 块的两次备份分别在机架 3 的空闲节点 10 和 11 上。

(3)C 块存储在机架 3 的空闲节点 12 上。C 块的两次备份分别在机架 1 的空闲节点 2 和 3 上。

备份布局的原则:HDFS 的存放策略是将一个副本存放在本地机架节点上,另外两个副本放在不同机架的不同节点上。

综上所述,块存储的方法不仅提供了很好的稳定性(数据块存储在两个机架中)并实现了负载均衡,包括写入带宽(写入操作只需要遍历一个交换机)、读取性能(可以从两个机架中选择读取)和块的均匀分布(客户端只在本地机架上写入一个块)。

2.HDFS 文件存取机制

HDFS 使用统一目录树的形式定位存储在自身上的文件,客户端访问文件只需指定对应的目录树即可,不用获取文件的具体存放位置,HDFS 中的 NameNode 进程用来管理目录树和文件的真实存储位置。

HDFS 拥有自己的存储设计原则:

(1)文件大小以 Block 块的形式存储;

(2)通过副本机制提高可靠度和吞吐量;

(3)Hadoop 使用单一的 NameNode 来协调存储元数据;

(4)Hadoop 没有设置客户端缓存机制。

深入理解一个技术的工作机制是灵活运用和快速解决问题的根本方法,也是唯一途径。对于 HDFS 来说,除了要明白它的应用场景和用法以及通用分布式架构之外,更重要的是理解关键步骤的原理和实现细节。下面来详细了解一下 HDFS 文件的读写过程。

1）HDFS 读文件过程

HDFS 读文件过程，如图 2-6 所示。

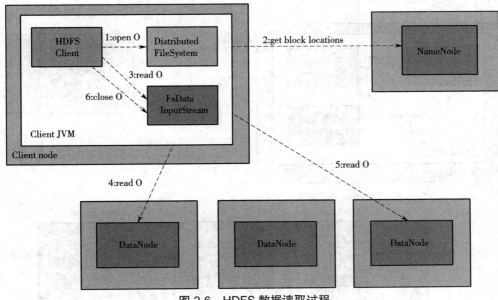

图 2-6　HDFS 数据读取过程

数据读取过程步骤解析如下。

（1）客户端（Client）通过调用 FileSystem 对象的 open() 方法来读取文件。

（2）DFS（Distributed File System）通过 RPC 来调用 NameNode，以确定文件的开头部分的块位置（get block locations），对于每一个数据存储块，NameNode 返回具有该块副本的 DataNode 地址。此外，这些 DataNode 根据它们与 Client 的距离来排序（根据网络集群的拓扑）。如果该客户端本身就是一个 DataNode，便从本地 DataNode 中读取。

（3）客户端对这个输入流调用 read() 方法。存储着文件开头部分的数据块节点地址的 FsDataInputStream 开始与数据块相近的 DataNode 相连接。

（4）通过在数据流中反复调用 read() 方法，数据会从 DataNode 返回到客户端。

（5）当数据量达到块的末端时，FsDataInputStream 流会关闭与 DataNode 间的联系，然后为下一个数据块查找最佳的 DataNode。

（6）客户端完成数据的读取后，就会在流中调用 close() 方法关闭流。

在读取的时候，如果客户端与 DataNode 通信时遇到一个错误，那么它就会去尝试读取对这个块来说下一个最近的块，它也会记录那个故障节点的 DataNode，以保证不会再对后面的块进行徒劳无益的尝试。客户端也会确认 DataNode 发来的数据的校验。如果发现一个损坏的块，它就会在客户端试图从别的 DataNode 中读取一个块的副本报告给 NameNode。

Client 直接联系 DataNode 去检索数据，并被 NameNode 指引到块中最好的 DataNode。因为数据流在此集群中是在所有 DataNode 分散进行，所以这种设计能使 HDFS 可扩展到最大的并发 Client 数量。同时，NameNode 只提供块的位置请求（高效地存储在内存中），而不提供数据。否则，如果客户端数量增长，NameNode 就会快速成为一个"瓶颈"。

2）HDFS 写文件过程

HDFS 写文件过程，如图 2-7 所示。

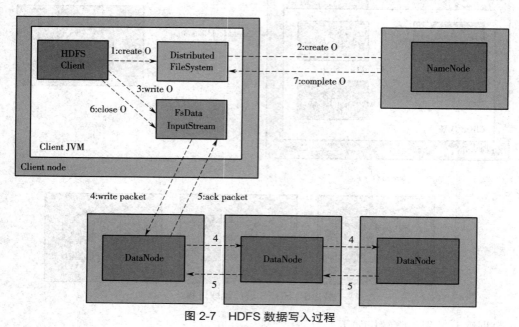

图 2-7 HDFS 数据写入过程

数据写入过程步骤解析如下。

（1）客户端通过在 DFS 中调用 create() 方法来创建文件。

（2）Distributed FileSystem 使用 RPC 去调用 NameNode，在文件系统的命名空间中创建一个新的文件，没有块与它相联系。NameNode 执行各种不同的检查，以确保这个文件不会已经存在，并且在 Client 中有可以创建文件的许可，如果检查通过 NameNode 就会生成一个新的文件记录；否则文件创建失败，并向 Client 抛出一个 IOException 异常。

（3）在客户端写入数据时，FsDataInputStream 将它分成若干个包，写入内部队列，成为数据队列。数据流处理数据队列，数据流的责任是根据适合的 DataNode 的列表要求，通过 NameNode 分配适合的新数据块来存储数据副本。这一组 DataNode 列表形成一个管线，假设副本数是 3，所以有 3 个节点在管线中。

（4）数据流将包分流给管线中第一个 DataNode，这个节点会存储包并且发送给管线中的第二个 DataNode。同样，第二个 DataNode 存储包并且传给管线中的第三个 DataNode。

（5）数据存储完成后，管线被关闭，确认队列中的任何包都被添加到数据队列前面，以确保故障节点以后的 DataNode 不会漏掉任意一个包。NameNode 注意到块副本数量不足时，会在另一个节点上创建一个新副本，后续数据块继续正常接收处理。只要 dfs.replication.min 副本（默认值是 1）被写入，写操作就是成功的，并且这个块会在集群中被异步复制，直到其满足目标副本数（dfs.replication 默认值为 3）。

（6）Client 完成数据写入后，就会在流中调用 close() 方法关闭流。

（7）在向 NameNode 节点发送完消息之前，complete() 方法会将余下的所有包放入 DataNode 管线并等待确认。NameNode 节点已经知道文件由哪些块组成,它只需在返回成功前等待块进行最小量复制。

HDFS 被设计成可以方便地实现平台间的迁移,这将推动需要大数据集的应用更广泛地采用 HDFS 平台作为数据存储工具。当然,HDFS 也有它的劣势,并不适合所有场合。

(1)低延时数据访问。HDFS 适合高吞吐率场景,允许在某一时刻内写入大量数据。但是在低延时的情况下处理困难,很难做到毫秒级以内读取数据。

(2)小文件存储。HDFS 在存储大量小文件时会占用大量内存去存储文件目录、块信息等,因为 NameNode 内存总是有限的。小文件存储的寻道时间会超过文件的读取时间,这违背了 HDFS 的设计目标。

(3)并发写入、文件随机修改。一个文件只能通过一个线程写入,不能多个线程同时写入;并且 HDFS 支持文件的追加(append),不支持文件随机修改。

HDFS 文件权限问题扫描下方二维码即可了解。

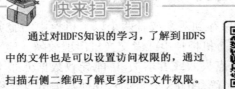

3. 容错性

在所有的分布式文件系统中,保证文件服务在客户端或服务端中出现问题时能正常使用是非常重要的。HDFS 容错能力大概可以分为两个方面:文件系统的容错性以及 Hadoop 本身的容错能力。

HDFS 可靠地容错性方式如下。

(1)在管理节点和数据节点之间维持心跳检测:当由于网络故障导致数据节点(DataNode)发出的心跳包没有被管理节点(NameNode)正常收到时,管理节点就不会将任何新的 I/O 操作派发给伪故障数据节点,则该数据节点上的数据被认为是无效的,因此管理节点会检测是否有文件块的副本数目小于设置值,如果小于就自动开始复制新的副本,并分发到其他数据节点上。

(2)检测文件完整性:HDFS 会记录每个新创建文件的所有块校验。检索这些文件时,从某个节点获取块,会首先确认校验和是否一致,如果不一致,会从其他数据节点上获取该块的副本。

读取文件容错机制如图 2-8 所示。

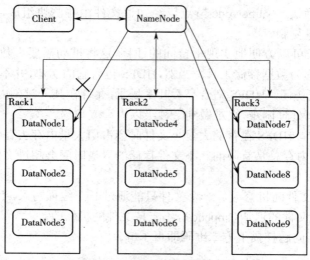

图 2-8 读取文件容错机制

一个 Block 的三个副本通常保存到两个或者两个以上机柜中的服务器，这样做的目的是增强容错能力，因为可能发生某个机柜掉电或者交换机出现故障。

（1）集群的负载均衡：由于节点失效或者增加，可能导致数据分布不均匀，当某个数据节点空闲空间大于一个临界值的时候，HDFS 会自动从其他数据节点迁移数据。

（2）文件删除：一个文件被删除时，并不是马上从管理节点移除命名空间，而是放在 /trash 目录下，随时可恢复，直到超过设置时间才被正式删除。

（3）维护多个 Fsimage 和 edits 拷贝：管理节点上 Fsimage 和 edits 日志文件是 HDFS 的核心数据结构，如果这些文件损坏了，HDFS 将失效，因而管理节点可以配置支持维护多个 Fsimage 和 edits 拷贝。任何对 Fsimage 或者 edits 的修改，都将同步到对应的副本上。NameNode 总是选取最近一致的 FsImage 和 Editlog 来使用。管理节点在 HDFS 是单点存在的，如果管理节点所在机器出现错误，需要人工干预处理。

（4）Secondary NameNode 维护 NameNode：因为 edits 文件不断增大，NameNode 需要合并大量 edits 文件生成 Fsimage，导致 NameNode 重启时间长，一旦 NameNode 宕机，由于需要恢复的 Fsimage 数据老旧，会造成大量数据丢失，故需使用 Secondary NameNode 辅助 NameNode 为内存中的文件系统元数据创建检查点，以完成工作。Secondary NameNode 维护 NameNode 机制如图 2-9 所示，具体流程如下所示。

① Secondary NameNode 通过网络请求 NameNode 创建新的元数据操作日志（edits），将新的元数据操作记录到 edits 中，同时读取 NameNode 中的元数据镜像文件（Fsiamge）。

② Secondary NameNode 将 Fsimage 读取到内存中，并执行 edits 中的所有操作，重新生成一个新的 fsiamge.ckpt 文件，即创建检查点。

③ Secondary NameNode 通过网络传输新的 fsiamge.ckpt 文件到 NameNode。

④ NameNode 使用新的 Fsiamge 与 edits 文件替换第一步创建的 Fsiamge 与 edits 文件。

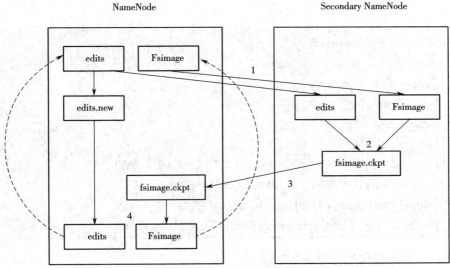

图 2-9　Secondary NameNode 维护 NameNode 机制

技能点三　HDFS Shell 操作命令

HDFS 是存储数据用的分布式文件系统，可通过 HDFS Shell 命令对 HDFS 进行相关操作，这种命令分为基础操作命令和管理命令。

1.HDFS Shell 基础操作命令

HDFS Shell 基础操作命令对 HDFS 的操作就是对文件系统的基本操作，例如文件的创建、修改权限、删除等操作，文件夹的创建、删除、重命名等操作，该操作命令类似于对 Linux 系统文件的 Shell 操作。Hadoop 中共有三种 HDFS Shell 命令方式。

（1）hadoop fs 适用于任何不同的文件系统，如本地文件系统和 HDFS 文件系统。命令如下所示。

```
hadoop fs -cat file:///file3 /user/hadoop/file4
```

（2）hadoop dfs 只能适用于 HDFS 文件系统。此命令已过时，建议使用 hdfs dfs。
（3）hdfs dfs 跟 hadoop dfs 的命令作用一样，也只能适用于 HDFS 文件系统。命令如下所示。

```
hdfs dfs -ls /
```

在执行 HDFS 的 Shell 操作前要确定 Hadoop 集群是正常运行的，通过 jps 指令确认各个节点 Hadoop 进程是否正常启动。

HDFS 常用命令通过执行 hadoop fs 查看 HDFS 所有 Shell 操作命令，部分命令如下所示。

```
[root@master ~]# hadoop fs
Usage: hadoop fs [generic options]
    [-appendToFile <localsrc> ... <dst>]
    [-cat [-ignoreCrc] <src> ...]
    [-checksum <src> ...]
    [-chgrp [-R] GROUP PATH...]
    [-chmod [-R] <MODE[,MODE]... | OCTALMODE> PATH...]
    [-chown [-R] [OWNER][:[GROUP]] PATH...]
    [-copyFromLocal [-f] [-p] [-l] <localsrc> ... <dst>]
    [-copyToLocal [-p] [-ignoreCrc] [-crc] <src> ... <localdst>]
```

hadoop fs 常用操作指令如表 2-2 所示。

表 2-2　hadoop fs 常用操作指令

命令	解释
-mkdir	创建空白文件夹
-touchz	创建空白文件
-ls	显示当前目录结构
-put	上传文件
-rm -r	递归删除
-copyFromLocal	从本地复制文件到 HDFS
-moveFromLocal	从本地移动文件到 HDFS
-mv	移动 HDFS 文件到指定 HDFS 目录
-cp	复制 HDFS 指定的文件到指定的 HDFS 目录
-du	统计文件大小
-count	统计文件和文件夹数量和大小
-cat	查看文件内容
-chmod	修改文件权限
-chown	修改所属用户
-help	帮助命令

拓展：想要详细了解 hadoop fs 常用操作指令详细情况，请扫描下方二维码。

通过对HDFS文件系统操作命令的学习，了解到HDFS文件操作与Linux类似，通过扫描右侧二维码了解更多操作。

2.HDFS Shell 管理命令

每个访问 HDFS 用户进程的标识分为两个部分：组名列表和用户名。每次用户进程访问一个文件或目录时，HDFS 都要对其进行权限检查，如果是用户的所有者，则检查所有者的访问权限；如果关联的组在组名列表中出现，则检查组用户的访问权限；否则检查其他用户的访问权限。如果权限检查失败，则用户的操作就会失败。

dfsadmin 是一个多任务的工具，可以使用它来获取 HDFS 的状态信息以及在 HDFS 上执行一系列管理操作。HDFS 管理命令操作，部分结果如下所示。

```
[root@master ~]# hdfs dfsadmin
Usage: hdfs dfsadmin
Note: Administrative commands can only be run as the HDFS superuser.
    [-report [-live] [-dead] [-decommissioning]]
    [-safemode <enter | leave | get | wait>]
    [-saveNamespace]
    [-rollEdits]
    [-restoreFailedStorage true|false|check]
    [-refreshNodes]
    [-setQuota <quota> <dirname>...<dirname>]
    [-clrQuota <dirname>...<dirname>]
```

hdfs dfsadmin 常用管理命令如表 2-3 所示。

表 2-3　hdfs dfsadmin 常用管理命令

命令	解释
-report [-live] [-dead] [-decommissioning]	报告基本的文件系统信息和统计，可选标志用于过滤显示的数据节点列表
-safemode ⟨enter|leave|get|wait⟩	安全模式维护命令，安全模式是一个 NameNode 状态（①工作不接受更改名称空间（只读），②不复制或删除块），在 NameNode 启动时自动输入安全模式，当配置的最小块百分比满足最小复制条件时，将自动退出安全模式；安全模式也可以手动输入，但只能手动关闭
-saveNamespace	将当前名称空间保存到存储目录并重置编辑日志，需要在安全模式下

命令	解释
-rollEdits	在活动的 NameNode 上滚动编辑日志
-restoreFailedStorage true|false|check	这个选项将打开/关闭自动尝试恢复失败的存储副本,如果一个失败的存储再次可用,系统将尝试在检查点期间恢复编辑和/或 fsimage,"检查"选项将返回当前设置
-refreshNodes	重新读取主机并排除文件,以更新允许连接到 NameNode 的 DataNode 集以及应该停用或重新调用的 DataNode 集
-setStoragePolicy \<path\> \<policyName\>	将存储方式设置为文件或目录
-getStoragePolicy \<path\>	获取文件或目录的存储方式
-finalizeUpgrade	完成 HDFS 的升级,DataNode 删除以前的版本工作目录,然后 NameNode 做同样的事情
-metasave filename	将 NameNode 的主要数据结构保存在 hadoop.log 指定的目录中;dir 属性如果存在的话,文件名被覆盖。文件名将包含下列每一个的一行: ①工作 DataNode 心脏跳动与 NameNode; ②等待复制的块; ③产品块正在复制; ④产品等待删除的块
-refreshServiceAcl	重新加载服务级别的授权策略文件
-refreshUserToGroupsMappings	刷新用户到组映射
-refreshSuperUserGroupsConfiguration	刷新超级用户代理组映射
-refreshCallQueue	从配置重新加载呼叫队列
-help [cmd]	如果没有指定,则显示对给定命令或所有命令的帮助

3. 技能实施:Shell 命令使用

1)实验目标

掌握 HDFS Shell 基本命令,能够在 HDFS 上进行文件和文件夹的各种操作,了解各种指令的含义。

2)实验要求

独立完成 Hadoop 分布式文件系统的搭建,掌握启动 Hadoop 的各种进程,并能在 Hadoop 环境下进行各种指令操作。

3)实验步骤

(1)启动 Hadoop 集群服务。

(2)使用身份证后 8 位数字为文件夹命名,在 HDFS 根目录上创建文件夹。

(3)上传本地 Hadoop 日志文件到新建立的文件夹中。

(4)查看上传日志文件大小。

(5)查看上传日志文件内容。

（6）将日志文件复制到根目录。
（7）修改根目录日志文件权限为 777。
（8）修改根目录日志文件所属用户。
（9）修改文件夹中所有文件所属组别。
（10）统计文件夹中文件大小。
（11）查看文件夹中日志文件尾部文件内容。
（12）使用递归方式显示根目录的目录结构。
（13）删除根目录下日志文件。
4）参考流程
详细流程参考示例代码 CORE0201 所示。

步骤	示例代码 CORE0201
1	[root@master ~]# start-all.sh
2	[root@master ~]# hadoop fs-mkdir /99990000
3	[root@master ~]# hadoop fs-put /usr/local/hadoop/logs/hadoop-root-namenode-master.log /99990000
4	[root@master ~]# hadoop fs-du /99990000/hadoop-root-namenode-master.log
5	[root@master ~]# hadoop fs-cat /99990000/hadoop-root-namenode-master .log
6	[root@master ~]# hadoop fs-cp /99990000/hadoop-root-namenode-master.log /
7	[root@master ~]# hadoop fs-chmod 777 /hadoop-root-namenode-master.log
8	[root@master ~]# hadoop fs-chown hhx /hadoop-root-namenode-master.log
9	[root@master ~]# hadoop fs-chgrp-R hhx /99990000/
10	[root@master ~]# hadoop fs-count /99990000
11	[root@master ~]# hadoop fs-tail /99990000/hadoop-root-namenode-master.log
12	[root@master ~]# hadoop fs-ls -R /
13	[root@master ~]# hadoop fs-rm /hadoop-root-namenode-master.log

示例代码运行流程如图 2-10 所示。

```
[root@master ~]# start-all.sh
This script is Deprecated. Instead use start-dfs.sh and start-yarn.sh
Starting namenodes on [master]
master: namenode running as process 2793. Stop it first.
localhost: datanode running as process 2911. Stop it first.
Starting secondary namenodes [0.0.0.0]
0.0.0.0: secondarynamenode running as process 3137. Stop it first.
starting yarn daemons
resourcemanager running as process 3313. Stop it first.
localhost: nodemanager running as process 3425. Stop it first.
[root@master ~]# hadoop fs -mkdir /99990000
[root@master ~]# hadoop fs -put /usr/local/hadoop/logs/hadoop-root-namenode-master.log /99990000
[root@master ~]# hadoop fs -du /99990000/hadoop-root-namenode-master.log
338245  /99990000/hadoop-root-namenode-master.log
```

```
[root@master ~]# hadoop fs -cat /99990000/hadoop-root-namenode-master.log
2018-03-12 01:15:37,702 INFO org.apache.hadoop.hdfs.server.namenode.NameNode: STARTUP_MSG:
/************************************************************
STARTUP_MSG: Starting NameNode
STARTUP_MSG: host = master/192.168.10.104
STARTUP_MSG: args = []
STARTUP_MSG: version = 2.7.2
............
[root@master ~]# hadoop fs -cp /99990000/hadoop-root-namenode-master.log /
[root@master ~]# hadoop fs -chmod 777 /hadoop-root-namenode-master.log
[root@master ~]# hadoop fs -chown hhx /hadoop-root-namenode-master.log
[root@master ~]# hadoop fs -chgrp -R hhx /99990000/
[root@master ~]# hadoop fs -count /99990000
         1          1             48392 /99990000
         1          1             48392 /99990000
[root@master ~]# hadoop fs -tail /99990000/hadoop-root-namenode-master.log
,893 INFO org.apache.hadoop.hdfs.server.namenode.top.window.RollingWindowManager: topN size for com-
mand getfileinfo is: 0
2018-03-17 03:15:43,893 INFO org.apache.hadoop.hdfs.server.namenode.top.window.RollingWindowMan-
ager: topN size for command * is: 0
............
[root@master ~]# hadoop fs -ls -R /
drwxr-xr-x   - root hhx             0 2018-03-17 03:17 /99990000
-rw-r--r--   3 root hhx         48392 2018-03-17 03:17 /99990000/hadoop-root-namenode-master.log
-rwxrwxrwx   3 hhx supergroup  48392 2018-03-17 03:18 /hadoop-root-namenode-master.log
[root@master ~]# hadoop fs -rm /hadoop-root-namenode-master.log
18/03/17 03:23:07 INFO fs.TrashPolicyDefault: Namenode trash configuration: Deletion interval = 0 minutes,
Emptier interval = 0 minutes.
Deleted /hadoop-root-namenode-master.log
```

图 2-10　Shell 基础操作流程

技能点四　Python hdfs 库文件操作

1. Python 操作 hdfs 库介绍

本操作在 Python3 版本下进行，Centos7 系统本身自带 Python 版本为 Python2，Python 升级详情扫描下方二维码了解。

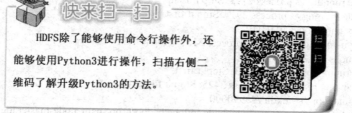

要使用 Python 进行 HDFS 文件操作，首先保证系统已安装了 hdfs 库，若未安装，则执

行 pip3 install hdfs 进行 hdfs 库安装。

安装完成后可进入 Python 编程模式，编写代码操作 HDFS 示例如图 2-11 所示。

```
[root@master ~]# python
Python 3.6.3 (default, Mar 17 2018, 04:04:31)
[GCC 4.8.5 20150623 (Red Hat 4.8.5-16)] on linux
Type "help", "copyright", "credits" or "license" for more information.
>>>
```

图 2-11 Python 编辑模式

（1）Client() 方法创建集群连接：导入 hdfs 库并连接 HDFS，使用 Client() 方法连接 HDFS，示例如图 2-12 所示。

```
>>> from hdfs import *
>>> client = Client("http://192.168.10.130:50070")
>>> client.list("/")
['99990000', 'pythontest']
```

图 2-12 Python 连接 HDFS

（2）Client() 方法参数详解：

classhdfs.client.Client(url, root=None, proxy=None, timeout=None, session=None)

① url：指定格式为"ip:端口"。
② root：指定 hdfs 根目录。
③ proxy：指定登录的用户。
④ timeout：设置连接超时时间。
⑤ seesion：指定用户发送请求。
Client() 子方法介绍详情如表 2-4 所示。

表 2-4 Client() 子方法介绍

Client() 子方法	解释说明
Client.Status（hdfs_path,strict=True）	获取路径具体信息 hdfs_path：hdfs 路径； strict：设置为 True 时，如果 hdfs_path 路径不存在就会抛出异常；设置为 False 时，如果路径不存在则返回 None
Clirnt.list(hdfs_path, status=False)	获取指定路径的子目录信息 hdfs_path：hdfs 路径； status：为 True 时，返回子目录的状态信息，默认为 Flase
Client.makedirs(hdfs_path,permission=-None)	创建目录 hdfs_path：hdfs 路径； permission：设置权限

Client() 子方法	解释说明
Client.rename(name, new_name)	重命名操作 name：要修改的文件（带路径）； new_name：新的文件名（带路径）
Client.delete(hdfs_path, recursive=False)	删除操作 hdfs_path：hdfs 路径； recursive：删除文件和其子目录，设置为 False，如果不存在，则会抛出异常，默认为 False
Client.upload(hdfs_path,local_path,overwrite=False,n_threads=1,temp_dir=None, chunk_size=65536,progress=None, cleanup=True, **kwargs)	上传数据操作 hdfs_path：hdfs 路径； local_path：本地路径； overwrite：是否是覆盖性上传文件； n_threads：启动的线程数目； temp_dir：当 overwrite=true 时，远程文件一旦存在则会在上传完之后进行交换； chunk_size：文件上传的大小区间； progress：回调函数来跟踪进度为每一 chunk_size 字节，它将传递两个参数文件上传的路径和传输的字节数，一旦完成，将作为第二个参数； cleanup：如果在上传任何文件时发生错误，则删除该文件
Client.download(hdfs_path,local_path,overwrite=False, n_threads=1, temp_dir=None, **kwargs)	下载数据操作 hdfs_path：hdfs 路径； local_path：本地路径； overwrite：是否是覆盖性下载文件； n_threads：启动的线程数目； temp_dir：当 overwrite=true 时，本地文件一旦存在，则会在下载完之后进行交换

2. 技能实施：Python hdfs 库基础操作

1）实验目标

在学习 Python 操作 HDFS 的相关命令后，针对 HDFS 文件系统能够使用 Python hdfs 库进行文件的简单操作。

2）实验要求

独立完成 Python hdfs 库安装，掌握 hdfs 库的基本操作方式，能够使用 hdfs 库进行文件操作。

3）实验步骤

（1）安装 hdfs 库。

（2）在 HDFS 上创建一个名为 pythontest 的文件夹。

（3）给 pythontest 一个 777 权限，本次实验操作都在这个目录下进行。

（4）进入 Python 编辑模式。

(5)导入 hdfs 第三方库。
(6)连接 hdfs 对应端口。
(7)查看 pythontest 文件夹信息。
(8)上传 Hadoop 日志文件到 pythontest 文件夹。
(9)查看是否上传成功。
4)参考流程

详细流程参考示例代码 CORE0202 所示。

步骤	示例代码 CORE0202 Python hdfs 库简单操作
1	[root@master ~]# pip install hdfs
2	[root@master ~]# hadoop fs -mkdir /pythontest
3	[root@master ~]# hadoop fs -chmod 777 /pythontest
4	[root@master ~]# python
5	>>> from hdfs import *
6	>>> client = Client("http://127.0.0.1:50070")
7	>>> client.list("/")
8	>>>client.upload("/pythontest","/usr/local/hadoop/logs/hadoop-root-namenode-master.log")
9	>>> client.list("/pythontest")

示例代码运行结果如图 2-13 所示。

```
[root@master bin]# pip install hdfs
Collecting hdfs
    Downloading hdfs-2.1.0.tar.gz
Collecting docopt (from hdfs)
    Downloading docopt-0.6.2.tar.gz
…………
Successfully installed docopt-0.6.2 hdfs-2.1.0
You are using pip version 9.0.1, however version 9.0.2 is available.
You should consider upgrading via the 'pip install --upgrade pip' command.
[root@master bin]# hadoop fs -mkdir /pythontest
[root@master bin]# hadoop fs -chmod 777 /pythontest
[root@master bin]# python
Python 3.6.3 (default, Mar 17 2018, 04:04:31)
[GCC 4.8.5 20150623 (Red Hat 4.8.5-16)] on linux
Type "help", "copyright", "credits" or "license" for more information.
>>> from hdfs import *
>>> client = Client("http://127.0.0.1:50070")
>>> client.list("/")
['99990000', 'pythontest']
>>> client.upload("/pythontest","/usr/local/hadoop/logs/hadoop-root-namenode-master.log")
'/pythontest/hadoop-root-namenode-master.log'
>>> client.list("/pythontest")
['hadoop-root-namenode-master.log']
```

图 2-13 Python HDFS 库基础操作

在项目一任务实施 Hadoop 服务启动基础上，通过 Shell 命令和 Python hdfs 库实现 Persona 项目 HDFS 文件创建并上传本地 access_2018_05_01.log 文件到 HDFS 功能。

第一步：使用 Shell 命令在 HDFS 上创建一个名为 acelog 的文件夹，并修改权限为 777，指令如示例代码 CORE0203 所示。通过页面查看文件夹，如图 2-14 所示。

```
示例代码 CORE0203 Shell 指令创建 acelog 文件夹
[root@master ~]# hadoop fs -mkdir /acelog
[root@master ~]# hadoop fs -chmod 777 /acelog
[root@master ~]# hadoop fs -ls /
Found 3 items
drwxr-xr-x   - root hhx            0 2018-03-17 03:17 /99990000
drwxrwxrwx   - root supergroup     0 2018-03-17 04:23 /acelog
drwxrwxrwx   - root supergroup     0 2018-03-17 04:21 /pythontest
```

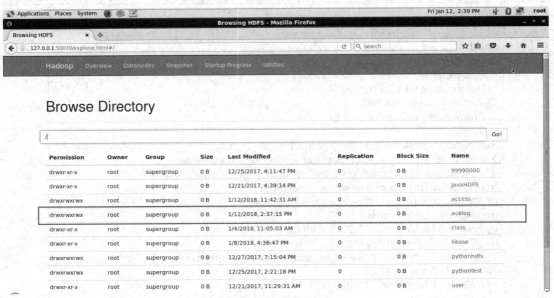

图 2-14　网页查看文件夹信息

第二步：上传资料包"08 课件工具"→"02 分布式文件系统（HDFS）"→"01 日志文件"中 access_2018_05_01.log 日志文件至 Linux 系统 /usr/local/ 下，如图 2-15 所示。

第三步：创建 pythontest.py 脚本实现以下功能。

（1）获取 HDFS 根目录的具体信息。

（2）获取 HDFS 根目录下的文件目录信息。
（3）在 HDFS 的 acelog 目录下创建一个名为 input 文件夹。
（4）把本机 /usr/local/ 目录下 access_2018_05_01.log 文件上传到 input 目录下。
（5）查看 access_2018_05_01.log 文件内容，输出前 200 个字节数据。
（6）把 HDFS 上 acelog 中的文件 access_2018_05_01.log 下载到本机 /usr 目录下。
如示例代码 CORE0205 所示。

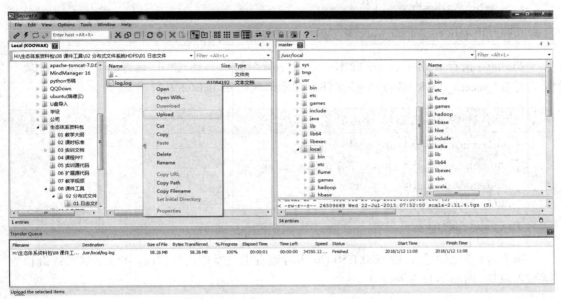

图 2-15　上传日志文件到 Linux 系统

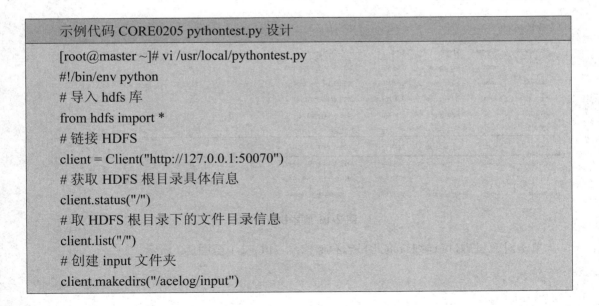

```
# 上传日志文件
client.upload("/acelog/input","/usr/local/access.2018.05.01.log")
# 读取日志文件数据，并输出前 200 字节数据
with client.read("/acelog/input/access_2018_05_01.log","0","200") as reader:
    print(reader.read())

# 下载日志数据至本地 /usr 目录
client.download("/acelog/access_2018_05_01.log","/usr")
```

第四步：执行 pythontest.py 脚本。进入"/usr"目录下，通过"ll"指令查看"/usr"目录下是否存在"access_2018_05_01.log"文件。如示例代码 CORE0206 所示。

示例代码 CORE0206 查看 /usr 目录信息

```
[root@master ~]# cd /usr/local/
[root@master local]# chmod 777 pythontest.py
[root@master local]# ./pythontest.py
[root@master local]# cd /usr
[root@master usr]# ll
```

第五步：通过浏览器 127.0.0.1:50070 实时查看当前操作执行情况，并分析数据备份和数据写入原理，如图 2-16 所示。

Browse Directory

/acelog/input

Permission	Owner	Group	Size	Last Modified	Replication	Block Size	Name
-rw-r--r--	root	supergroup	5.03 MB	2018/3/14 上午10:08:44	3	128 MB	access_2018_03_10.log
-rw-r--r--	root	supergroup	5.04 MB	2018/3/14 上午10:08:51	3	128 MB	access_2018_03_11.log
-rw-r--r--	root	supergroup	321.31 MB	2018/4/3 下午1:15:58	3	128 MB	access_2018_03_12.log
-rw-r--r--	root	supergroup	5.04 MB	2018/3/14 上午10:09:07	3	128 MB	access_2018_03_13.log
-rw-r--r--	root	supergroup	5.04 MB	2018/3/14 上午10:09:14	3	128 MB	access_2018_03_14.log
-rw-r--r--	root	supergroup	324.47 MB	2018/4/18 下午2:09:46	3	128 MB	access_2018_05_01.log
-rw-r--r--	root	supergroup	5.23 MB	2018/4/18 上午11:00:46	3	128 MB	access_2018_05_30.log
-rw-r--r--	root	supergroup	855.6 MB	2018/3/30 下午5:40:44	3	128 MB	food.tsv
-rw-r--r--	root	supergroup	58.25 MB	2018/3/14 上午10:28:49	3	128 MB	log.log

图 2-16 脚本执行结果

单击对应日志，可详细查询此日志存储信息，如图 2-1 至图 2-3 所示。

本项目主要对 HDFS 知识点进行介绍,详细介绍了 HDFS 设计理念与存储机制,认真实验了 HDFS 基本操作命令和管理命令,拓展实现 Python 操作方式,增强实验能力,全面掌握了 HDFS 文件操作的不同实现方式,完成了对 Persona 项目的日志文件上传。

File System	文件系统	Block	数据块
Client	客户端	NameNode	主节点
DataNode	数据节点	Metadata	元数据
Location	位置	Create	创建
Append	追加	Fault-tolerant	容错性
High throughput	高吞吐量	Low-cost	低廉的
Large data set	超大数据集	Access	访问
Owner	所有者	Group	组

1. 选择题

(1) 在默认情况下,HDFS 块的大小为( )。
A.32MB　　　　　B.64MB　　　　　C.96MB　　　　　D.128MB

(2) 在大多数情况下,默认副本系数为( )。
A.1　　　　　　　B.2　　　　　　　C.3　　　　　　　D.4

(3) 以下不属于 HDFS 文件系统缺点的是( )。
A. 小文件存储　　　　　　　　　　B. 检测文件完整性
C. 低延时数据访问　　　　　　　　D. 并发写入,文件随机修改

(4) 在配置文件 hdfs-default.xml 中定义副本率为( )时,HDFS 将永远处于安全模式。
A.1　　　　　　　B.2　　　　　　　C.3　　　　　　　D.4

（5）下列不属于 NameNode 功能的是（　　）。
A. 提供名称查询服务　　　　　　　　B. 保存 Block 信息，汇报 Block 信息
C. 保存 metadata 信息　　　　　　　 D. metadata 信息在启动后会加载到内存

2. 判断题
（1）如果 NameNode 意外终止，SecondaryNameNode 会接替它使集群继续工作。
　　　　　　　　　　　　　　　　　　　　　　　　　　　　　　　　（　　）
（2）Hadoop 是 Java 开发的，所以 MapReduce 只支持 Java 语言编写。（　　）
（3）因为 HDFS 有多个副本，所以 NameNode 是不存在单点问题的。（　　）
（4）Slave 节点要存储数据，所以它的磁盘越大越好。　　　　　　　 （　　）
（5）NameNode 本地磁盘保存了 Block 的位置信息。　　　　　　　　（　　）

3. 简答题
（1）HDFS 和传统的分布式文件系统相比较，有哪些独特的特性？
（2）为什么分布式文件系统 HDFS 的块如此之大？
（3）HDFS 中数据副本的存放策略是什么？

项目三 强大的计算框架（MapReduce）

通过完成 Persona 项目中用户行为日志文件的清洗与筛选，掌握 MapReduce 的设计思想，对 MapReduce 的架构、执行过程有深入了解，熟练使用正则表达式对文件内容进行匹配处理，并对 Hadoop Streaming 进行知识点拓展。在理论知识学习与 MapReduce 任务实践相结合下：

➢ 了解 MapReduce 的基本概念和设计思想；
➢ 掌握 MapReduce 的架构设计及执行过程；
➢ 熟练使用正则表达式进行文件内容匹配；
➢ 掌握 Python RE 库的使用方法和文件清洗的方法。

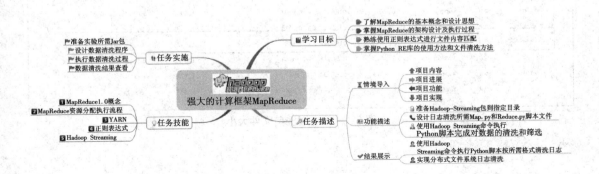

任务描述

【情境导入】

在 Persona 项目中，HDFS 会存储很多包含用户行为的日志文件。日志文件中不仅包含项目中所需要、有助于分析用户行为习惯的信息，同时也包含大量无法使用甚至对分析有干扰的信息。MapReduce 为日志文件的数据清洗提供了分析与归纳相结合的方法，可以高效快速地完成数据清洗和筛选的任务。本次任务主要通过对 Hadoop-Streaming 包和 Python 脚本的使用，对已上传至 HDFS 的日志文件进行清洗与筛选。

【功能描述】

➢ 准备 Hadoop-Streaming 包到指定目录。
➢ 设计日志清洗所需 Map.py 和 Reduce.py 脚本文件。
➢ 使用 Hadoop Streaming 命令执行 Python 脚本完成对数据的清洗和筛选。

【结果展示】

通过对本次任务的学习，实现分布式文件系统日志文件数据的清洗，通过使用 Hadoop Streaming 命令执行 Python 脚本按所需格式清洗日志数据。通过访问 192.168.10.130：50070 界面详细对比日志清洗前后信息，如图 3-1 和图 3-2 所示。

图 3-1　日志清洗前文件大小

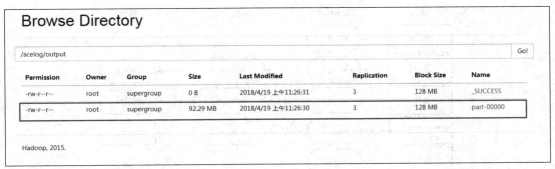

图 3-2　日志清洗后文件大小

技能点一　MapReduce1.0 概念

1. MapReduce 简介

MapReduce 是一个分布式运算编程框架,核心功能是将用户编写的核心逻辑代码分布式地运行在集群服务器上,它是由 Google 公司最早研究并提出的。Google 公司设计 MapReduce 的初衷主要是为了解决其搜索引擎中大规模网页数据的并行化处理问题。Google 公司在研发了 MapReduce 后重新改写了搜索引擎中的 Web 文档索引处理系统。同时,由于 MapReduce 可以应用于很多大规模数据计算场景,因此在发明了 MapReduce 之后,Google 公司内部进一步将其广泛应用于大规模数据处理。到目前为止,Google 公司内有上万个不同算法和程序都使用 MapReduce 进行处理。Hadoop MapReduce 极大地方便了编程人员在不会分布式编程的情况下,将自己的程序运行在分布式系统上。

2. 设计思想

MapReduce 的设计理念不是"数据向计算靠拢",而是"计算向数据靠拢",因为迁移数据需要大量的网络传输开销;MapReduce 作为一种分布式计算模型,主要用于搜索领域和离线解决海量数据的计算问题,但是不能实现对实时数据的分析和处理。对 Hadoop 来说,MapReduce 就是一个分布式计算框架,其核心思想归结起来就是"分而治之,迭代汇总"。就是把一个大的任务拆解开来,分成一系列的任务并执行,使得这些任务快速解决。MapReduce 解决问题的思路如图 3-3 所示。

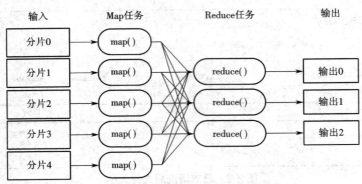

图 3-3　MapReduce 解决问题的思路

MapReduce 计算模型的核心是 Mapper 和 Reducer 两个类：Mapper 负责数据处理，Reducer 负责数据清理。Mapper 和 Reducer 处理数据的格式如表 3-1 所示。

表 3-1　Mapper 和 Reducer 处理数据的格式

函数	输入	输出	说明
Mapper	$<k_1,v_1>$ 如：<行号,"a b c">	List($<k_2,v_2>$) 如：<"a",1> <"b",1> <"c",1>	1. 将小数据集进一步解析成一批 <key, value> 对，输入 map() 中进行处理 2. 每一个输入的 $<k_1,v_1>$ 会输出一批 $<k_2,v_2>$，$<k_2,v_2>$ 是计算的中间结果
Reducer	$<k_2,List(v_2)>$ 如：<"a",<1,1,1>>	$<k_3,v_3>$ 如：<"a",3>	输入的中间结果 $<k_2,List(v_2)>$ 中的 $List(v_2)$ 表示一批属于同一个 k_2 的 value

MapReduce 整体运行的过程共分为五个阶段，分别是 input、map、shffle、reduce 和 output 阶段。

（1）input 阶段：主要是从节点上反序列化数据，读取数据后进行切片，供 Map 阶段使用。

（2）map 阶段：处理 input 阶段切片后的数据，并转换成一个或多个键值对。

（3）shffle 阶段：对中间键值对进行优化，并将分区数据分发到不同的 reduce 处理。

（4）reduce 阶段：负责处理 <key,list<value>> 对，对每个不同的 key 产生结果。

（5）output 阶段：将 reduce 阶段输出结果按照对应格式输出到文档中。

通过 Mapper 运行任务读取 HDFS 中数据文件，然后调用本身的方法处理数据，输出到 Reducer 中。Reducer 接收 Mapper 输出的数据作为自己的输入数据，然后调用自己的方法处理数据，最后输出到 HDFS 中。

MapReduce 在执行任务的过程中，不同 Map 任务之间不会进行通信，不同 Reduce 任务之间也不会发生任何信息交换，所有的数据交换都是通过 MapReduce 框架自身去实现。

3. 架构简介

MapReduce 体系结构主要由四部分组成，分别是 Client、JobTracker、TaskTracker 以及 Task，如图 3-4 所示。

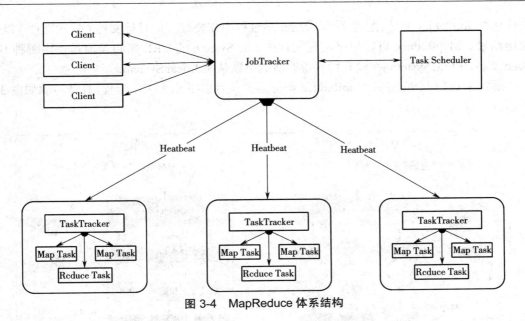

图 3-4　MapReduce 体系结构

1) Client

Client 主要将用户编写的 MapReduce 程序通过 Client 提交到 JobTracker,用户可以通过 Client 提供的一些接口查看作业运行状态。

2) JobTracker

JobTracker 负责资源监控和作业调度,或监控所有 TaskTracker 与作业的健康状况,一旦发现失败,就将相应任务转移到其他节点;也可以跟踪任务的执行进度、资源使用量等信息,并将这些信息传送给任务调度器(TaskScheduler),而任务调度器会在资源出现空闲时,选择合适的任务去使用这些资源。

3) TaskTracker

TaskTracker 会周期性地通过"心跳"将本节点上资源的使用情况和任务运行进度汇报给 JobTracker,同时接收 JobTracker 发送过来的命令并执行相应操作(如启动新任务、杀死任务等)。

4) Task

Task 分为 Map Task 和 Reduce Task 两种,均由 TaskTracker 启动。

技能点二　MapReduce 资源分配执行流程

1. 执行过程

MapReduce 执行之前需要用户先编写好一个 MapReduce 程序。实际上,一个 MapReduce 程序就是一个 Job,一个 Job 里面可以有一个或多个 Task;Task 又可以分为 Map Task 和 Reduce Task。

MapReduce 依赖 Hadoop FileSystem 存储 Job 执行过程中需要的所有资源文件。这些文件包含 Job 的 jar 文件、配置文件、Mapper 过程中需要处理的目标文件(输入文件)以及输出结果。MapReduce 可以根据配置文件中 File System 的 URL 判断当前是使用哪种 Hadoop 支持的 File System，在没有特殊说明情况下默认是 Local System。

通常来说，一个完整的 MapReduce 任务需要执行以下几个工作流程，具体步骤如图 3-5 所示。

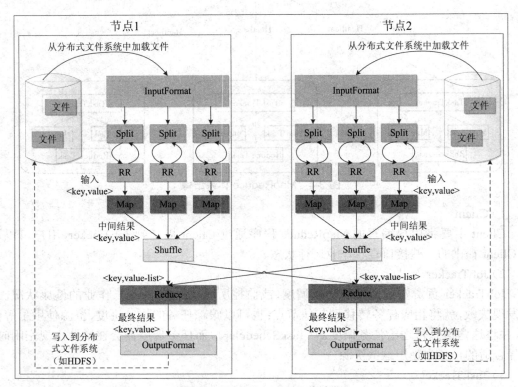

图 3-5　MapReduce 工作流程

（1）InputFormat：负责 Map() 任务前的预处理工作，主要包括检测输入文件格式是否符合 JobConfig 的规定；将 input（输入）的文件切分为逻辑上的 Split（片），由于在分布式文件系统中块大小是有限制的，因此大文件会被划分为多个较小的块。通过 RecordReader（记录读取器，RR）来处理经过文件切分为 Split 的一组记录输出给 Map。因为 Split 是逻辑切分的第一步，如何根据文件中的信息来具体切分还需要 RecordReader 完成。

（2）文件传递：将 RecordReader 处理后的结果作为 Map 的输入，然后 Map 执行定义的 map() 逻辑，输出处理后的 <key,value> 对到临时中间文件。

（3）Shuffle 过程：在 MapReduce 任务过程中，为了让进入 Reduce 的数据能够进行并行处理，必须对 Map 的输出数据进行一定处理，然后再传递给对应的 Reduce 槽。

（4）Reduce：进行具体的数据处理，即用户按业务需求编写程序，并且将处理后的结果输出给 OutputFormat。

（5）OutputFormat：负责检测输出目录是否已经存在以及输出的结果类型是否符合 Config 的规定，如果都符合要求，则输出 Reduce 汇总后的结果。

HDFS 以固定大小的块（block）为基本单位存储数据，而对于 MapReduce 而言，其处理单位是 Split。Split 是一个逻辑概念，它只包含一些元数据信息，如数据起始位置、数据长度、数据所在节点等，它的划分方法完全由用户自己决定。

想知道更多文件传递流程和 Shuffle 过程信息，请扫描下方二维码。

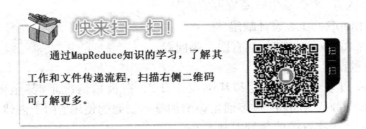

2. 资源划分、任务分配

MapReduce 作业的计算工作都是由 TaskTracker 完成，用户向 Hadoop 提交作业，JobTracker 会将该作业拆分为多个任务，并根据心跳信息交给空闲的 TaskTracker 来完成该工作。一个 TaskTracker 能够启动的任务数量是由 TaskTracker 配置的任务槽(slot, Hadoop 计算资源的表示模型) 决定。Hadoop 将各个节点上的多维度资源如 CPU、内存等抽象成一维度的槽，将多维度资源分配问题转换成单维度的槽分配问题。在实际情况中，Map 任务和 Reduce 任务需要的计算资源不完全相同。Hadoop 又将槽分成 Map 槽和 Reduce 槽，并且 Map 任务只能使用 Map 槽，Reduce 任务只能使用 Reduce 槽，如图 3-6 所示。

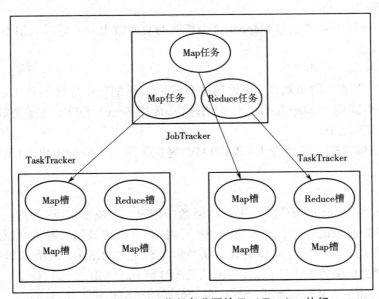

图 3-6　JobTracker 将任务分配给 TaskTracker 执行

Hadoop 的资源管理采用静态资源设置方案，即每个节点配置好 Map 槽和 Reduce 槽的数量 (配置项为 mapred-site.xml 的 mapred.tasktracker.map.tasks.maximum 和 mapred.tasktracker.reduce.tasks.maximum)，一旦 Hadoop 启动将无法动态更改。这样的资源管理方案是有一定弊端的。

（1）槽被设定为 Map 槽和 Reduce 槽,会导致在某一时刻 Map 槽或 Reduce 槽紧缺,降低槽的使用率;

（2）不能动态地设置槽数量,可能会导致某一个 TaskTracker 资源使用率过高或过低;

（3）提交作业是多样化的,如果一个任务需要 1 GB 内存,将会产生资源浪费,如果一个任务需要 3 GB 内存,则会发生资源抢占的情况。

3. 常见的 MapReduce 设计缺陷

当设计 MapReduce 功能时,具有四大类问题。

1) Map 数量设置不合理

（1）Mapper 过多会产生调度和基础设施开销,在极端情况下,甚至可能会引起 JobTracker 的关闭。同时,Mapper 过多通常会增加整体资源的使用(由于创建过多的 JVM)和增加执行时间(由于执行槽的数量限制)。

（2）Mapper 过少会导致集群利用不足,并且在某些节点(map 实际运行的地方)上产生过度负载。此外,在 Mapper 任务非常庞大的情况下,重试和推测执行变得非常昂贵,并且需要花费更长的时间。

（3）大量小 Mapper 会在 Mapper 输出到 Reducer 的洗牌时产生大量的查询语句;它还会创建过多的链接,这些链接用于将 Mapper 的输出发送到 Reducer。

2) 配置应用程序的 Reducer 数量不合理

（1）除调度和基础设施开销外,Reducer 过多会导致创建过多的输出文件(每个 Reducer 创建自己的输出文件),给 NameNode 带来负面影响,使其他作业再利用该 MapReduce 作业的输出时变得更复杂。

（2）Reducer 过少会产生与 Mapper 过少相同的负面效果——集群利用不足以及代价高昂的重新执行。

3) 文件的格式大小不合理

（1）考虑使用适当的压缩器(压缩速度与效率),压缩应用程序的输出以提升写性能,将适当的文件格式用于 MapReduce 作业的输出,使用 SequenceFile 通常是最好的选项,因为它既可压缩又可切分。

（2）当单个输入输出文件较大(数 GB)时,考虑使用更大的输出块,否则容易出现单点故障问题。

4) 其他

（1）尝试避免在 map() 函数和 reduce() 函数中创建新对象实例,这些方法会在循环中执行许多次,意味着对象的创建和处理将增加执行时间,并给垃圾回收器带来额外工作。

（2）不要使用分布式缓存来移动数量众多和非常庞大的记录。分布式缓存在设计上是为了分发少量数目、中等大小的记录,范围从几 MB 到几十 MB。

（3）不要创建包含数百或数千个处理少量数据的小型作业工作流。

（4）不要从 Mapper 或 Reducer 直接向用户定义的文件进行写入。Hadoop 中当前的文件写入器是单线程的,意味着多个 Mapper/Reducer 尝试向该文件发出的写入操作将会被序列化。

（5）不要尝试重新实现现有的 Hadoop 类,但可从它们中继承,并在配置中显式地指定自己的实现。与应用服务器不同,Hadoop 命令在最后指定用户类,这意味着现有 Hadoop 类总是具有优先权。

4. 技能实施：单词计数

1）实验目标

在学习完 MapReduce 的理论知识后，可以尝试利用 Hadoop 自带的 MapReduce jar 包进行一些简单文件操作来巩固所学内容。

2）实验要求

独立完成 HDFS 文件系统的各种操作（如文件夹创建、文件上传、文件查看等），掌握 MapReduce 的执行过程和操作命令。

3）实验步骤

（1）将本机自带的 hadoop-streaming2.7.2 工具包拷贝到本机 /usr/local 目录下，以方便接下来的操作。

（2）在 /usr/local 目录下新建一个 wordcount.txt 文件，然后编辑一段内容作为要处理的文件。

（3）在 HDFS 上创建一个名为 /wordcount/input 的文件夹。

（4）将本机 /usr/local 目录下新建的 wordcount.txt 文件上传到 HDFS 的 /wordcount/input 目录中。

（5）在 /usr/local 目录中设计 Map.py 初步处理元数据内容。

（6）在 /usr/local 目录中设计 Reduce.py 将上一步的内容进行处理并输出。

（7）使用 hadoop-streaming 包组织运行 Python MapReduce 执行过程并指定文件路径。

（8）执行命令查看 HDFS 文件系统里面处理后的文件。

4）参考流程

详细流程参考示例代码 CORE0301、CORE0302、CORE0303 和 CORE0304 所示。

步骤	示例代码 CORE0301 拷贝文件并新建一个 wordcount.txt
1	[root@master ~]# cp/usr/local/hadoop/share/hadoop/tools/lib/hadoop-streaming-2.7.2.jar /usr/local [root@master ~]# cd/usr/local
2	[root@master local# vi wordcount.txt hello hdfs mapreduce hello hdfs mapreduce hello world hello me hello you
3	[root@master local# hadoop fs -mkdir -p /wordcount/input
4	[root@master local# hadoop fs -put /usr/local/wordcount.txt /wordcount/input

编写 Map.py，具体代码参考示例代码 CORE0302。

步骤	示例代码 CORE0302

5	[root@master local]# vi /usr/local/Map.py
	#!/usr/bin/env python
	import sys
	for line in sys.stdin:
	    line = line.strip()
	    words = line.split()
	    for word in words:
	        print("%s\t%s" % (word, 1))

编写 Reduce.py，具体代码参考示例代码 CORE0303。

步骤	示例代码 CORE0303

6	[root@master local]# vi /usr/local/Reduce.py
	#!/usr/bin/env python
	from operator import itemgetter
	import sys
	current_word = None
	current_count = 0
	word = None
	for line in sys.stdin:
	    line = line.strip()
	    word, count = line.split('\t', 1)
	try:
	    count = int(count)
	except ValueError: #count 如果不是数字的话，直接忽略掉
	    continue
	if current_word == word:
	    current_count += count
	else:
	    if current_word:
	        print("%s\t%s" % (current_word, current_count))
	    current_count = count
	    current_word = word
	if word == current_word: # 不要忘记最后的输出
	    print("%s\t%s" % (current_word, current_count))

运行并查询统计结果，具体代码参考示例代码 CORE0304。

步骤	示例代码 CORE0304
7	[root@master local]# hadoop jar/usr/local/hadoop-streaming-2.7.2.jar -file/usr/local/Map.py -mapper Map.py -file/usr/local/Reduce.py -reducer Reduce.py -input/wordcount/input/wordcount.txt -output /wordcount/output [root@master local]# hadoop fs -ls /wordcount/output/
8	[root@master local]# hadoop fs -cat /wordcount/output/part-00000 hdfs 2 hello 5 mapreduce 2 me 1 world 1 you 1

单词计数详细执行流程如图 3-7 所示。

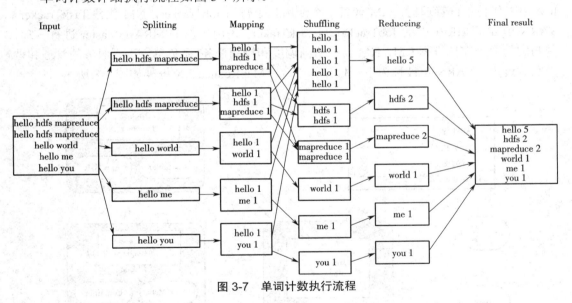

图 3-7 单词计数执行流程

技能点三 YARN

1. 产生背景

在 Hadoop1.0 中传统 MapReduce 最大的局限主要关系到可伸缩性、资源的利用率以及对 MapReduce 不同工作负载的支持。

随着作业量的激增，Hadoop 集群也在不断地增大；然而大型的 Hadoop 集群显现出由单个 JobTracker 导致的可伸缩性瓶颈问题也日益突出，此外无论是较小还是较大的 Hadoop

集群都从未完美高效地使用它们的计算资源。在 Hadoop MapReduce 中，每个从属节点上的计算资源由集群管理员分解为固定数量的 Map Slot 和 Reduce Slot，这些 Slot 不可替代。一旦设定 Map Slot 和 Reduce Slot 的数量后，节点在任何时刻都不能运行比 Map Slot 更多的 Map 任务，即使没有 Reduce 任务在运行。这种设计方式影响了集群的利用率，因为在所有 Map Slot 都被使用（并且还需要更多的 Map Slot）时，无法使用任何 Reduce Slot，即使它们可用；反之亦然。

此外，Hadoop 设计为仅运行 MapReduce 作业。随着替代性的编程模型（如 Apache Giraph 所提供的图形处理）的发展，除 MapReduce 外越来越需要为可通过高效、公平的方式在同一个集群上运行并共享资源的其他编程模型提供支持。

2. 设计目标

为了实现一个 Hadoop 集群的可靠性、可伸缩性和集群共享性，设计人员采用了一种新的 Hadoop 架构——YARN（Yet Another Resource Negotiator），也被称为 MR2。该框架已经不再是一个传统的 MapReduce 框架，甚至与 MapReduce 无关，它是一个通用的运行框架，主要包括 RM（Resource Manager）、AM（Application Master）、NM（NodeManager）。其中，RM 用来代替集群管理器，AM 代替一个专用且短暂的 JobTracker，NM 代替 TaskTracker。YARN 舍弃了 MRv1 中的 JobTracker 和 TaskTraker，采用了新的 MRAppMaster 进行管理，并与它的两个守护进程 RM、NM 一起协同调度和控制任务，避免单一进程服务的管理和调度负载过重。YARN 也被称为下一代计算平台。MapReduce 2.X 框架如图 3-8 所示。

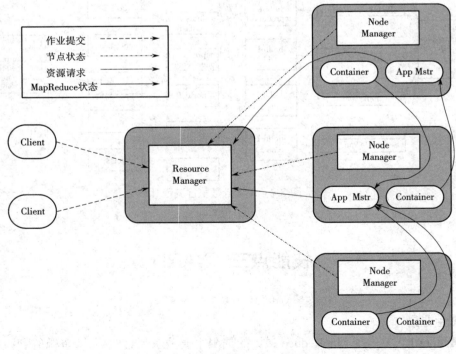

图 3-8　MapReduce2.X 框架

在 Hadoop MapReduce 中，JobTracker 具有两大职责：

（1）管理集群中的计算资源，包括维护活动节点列表、可用和占用的 Map Slots 和 Reduce Slots 列表，并可以依据所选的调度策略将可用 Slots 分配给合适的作业和任务执行；

（2）维持集群上运行的所有任务的协调工作，包括指导 TaskTracker 启动 Map 和 Reduce 任务、重新启动失败的任务、监视任务的执行、推测性地运行缓慢的任务以及计算作业计数器值的总和等。

为了解决可伸缩性问题，采用减少单个 JobTracker 职责的方法，将部分职责委派给 TaskTracker，因为集群中有许多 TaskTracker。在新的设计中，这个概念通过将 JobTracker 的双重职责（集群资源管理和任务协调）分开为两种不同类型的进程来反映。因此，作业的生命周期的协调工作分散在集群中所有可用机器上。

YARN 设计目标：通用的统一资源管理系统，即同时运行"长应用程序"和"短应用程序"。

（1）长应用程序：通常情况下，为永不停止运行的程序，如 Service Http Server。

（2）短应用程序：短时间、秒级、分钟级、小时级内会结束运行的程序，如 MR Job、Spark Job。

3.YARN 组成结构

YARN 总体是 Master/Slave 结构，在整个资源管理框架中，RM 为 Master，NM 为 Slave，RM 负责对各个 NM 上的资源进行统一管理和调度。当用户提交一个应用程序时，需要提供一个用以跟踪和管理这个程序的 AM，负责向 RM 申请资源，并要求 NM 启动可以占用一定资源的任务。由于不同的 AM 被分布到不同节点上，因此它们之间不会相互影响。YARN 主要由 RM、NM、AM（图中给出了 MapReduce 和 MPI 两种计算框架的 AM，分别为 MR AppMstr 和 MPI AppMstr）和 Container 等构成，如图 3-9 所示。

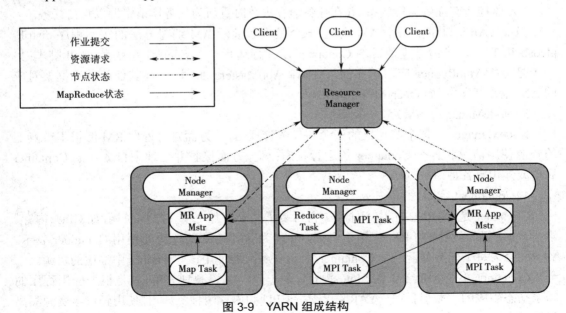

图 3-9　YARN 组成结构

1）ResourceManager（RM）

ResourceManager 是一个全局的资源管理器，负责整个系统的资源管理和分配。它主要由两个组件构成：调度器（Scheduler）和应用程序管理器（Applications Manager）。

Ⅰ．调度器

调度器根据容量、队列等限制条件（如每个队列分配一定的资源，最多执行一定数量的作业等），将系统中的资源分配给各个正在运行的应用程序。

需要注意的是，该调度器是一个"纯调度器"，它不再从事任何与具体应用程序相关的工作，如不负责监控或者跟踪应用的执行状态等，也不负责重新启动因应用执行失败或者硬件故障而产生的失败任务，这些均交由与应用程序相关的 ApplicationMaster 完成。调度器仅根据各个应用程序的资源需求进行资源分配，而资源分配单位用一个抽象概念"资源容器"（Resource Container，简称 Container）表示，Container 是一个动态资源分配单位，它将内存、CPU、磁盘、网络等资源封装在一起，从而限定每个任务使用的资源量。此外，该调度器是一个可插拔的组件，用户可根据自己的需要设计新调度器，YARN 提供了多种直接可用的调度器，如 Fair Scheduler 和 Capacity Scheduler 等。

Ⅱ．应用程序管理器

应用程序管理器负责管理整个系统中所有的应用程序，包括应用程序提交、与调度器协商资源以启动 ApplicationMaster、监控 ApplicationMaster 运行状态并在失败时重新启动它等。

2）ApplicationMaster（AM）

用户提交的每个应用程序均包含 1 个 AM，主要功能包括：

（1）将得到的任务进一步分配给内部的任务；

（2）与 NM 通信以启动/停止任务；

（3）与 RM 调度器协商以获取资源（用 Container 表示）；

（4）监控所有任务运行状态，并在任务运行失败时重新为任务申请资源以重启任务。

当前 YARN 自带了两个 AM 实现：一个是用于演示 AM 编写方法的实例程序 distributedshell，它可以申请一定数目的 Container 以并行运行一个 Shell 命令或者 Shell 脚本；另一个是运行 MapReduce 应用程序的 AM-MR AppMaster。此外，一些其他的计算框架对应的 AM 正在开发中，如 Open MPI、Spark 等。

3）NodeManager（NM）

NodeManager 是每个节点上的资源和任务管理器，一方面定时地向 RM 汇报本节点上的资源使用情况和各个 Container 的运行状态；另一方面接收并处理来自 AM 的 Container 启动或停止等各种请求。

4）Container（容器）

Container 是 YARN 中的资源抽象，它封装了某个节点上的多维度资源，如 CPU、内存、磁盘、网络等，当 AM 向 RM 申请资源时，RM 为 AM 返回的资源便是用 Container 表示。YARN 会为每个任务分配一个 Container，且该任务只能使用该 Container 中描述的资源。

Container 不是 MRv1 中的 Slot（槽），它是一个动态资源划分单位，是根据应用程序的需求动态生成的。截至目前，YARN 仅支持 CPU 和内存两种资源，且使用轻量级资源隔离机制 Cgroups（Control Groups）进行资源隔离。

4. YARN 的优点

YARN 是一个新的资源管理平台，统管整个集群资源和调度任务，它具有加快 MapReduce 计算、多框架支持以及框架升级容易等优点。它的基本组件如图 3-10 所示。图 3-10 中 Client（MR Client 和 Graph Client）可以提交任何 YARN 支持的程序。

（1）Global Resource-Manager 代替集群管理器，它的核心是 Scheduler（Hadoop 自带计算能力调度器和公平调度器），当多个 App 竞争使用集群资源的时候，它负责分配调度，确保集群资源的合理使用。追踪运行中的 NM 和可用的资源，定位可用资源分配 App 和 Task，并且监控 App Master。

（2）ApplicationMaster (Graph App Master) 代替一个专用且短暂的 JobTracker，这是 MapReduce 1.0 与 2.0 的一个关键区别，负责调整所有任务在应用程序中的执行，请求适当的资源来运行任务，它通过和 ResourceManager 协商沟通资源，并通过 NodeManager 获得这些资源，然后执行任务。App Master 为 YARN 带来的优势如下。

① 扩展性有很大提高；

② 框架更加通用；

③ Hadoop 系统不仅支持 MR 类型的计算，还支持应用的插件化，如果系统要增加某种类型的计算框架，开发一个对应的 App Master，并把这个 App Master 以插件的形式整合到 Hadoop 系统中即可。

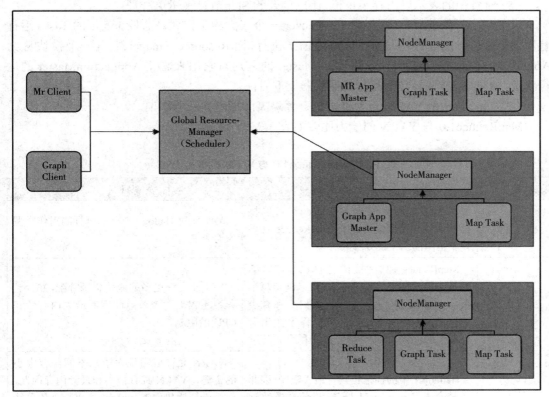

图 3-10　YARN 的基本组成

（3）NodeManager 代替 TaskTracker，它运行在集群中的一个节点上，集群中的每个节点都会运行一个自己的节点管理器。NodeManager 以容器的形式分配计算资源，管理在 Container 中运行的进程，并向 ResourceManager 汇报资源的使用情况。NodeManager 的主要任务如下。

①接受 RM 的请求,为作业分配 Container;
②与 RM 交换信息,保证集群稳定运行;
③管理已启动容器的生命周期;
④管理节点日志;
⑤运行 YARN 应用程序的辅助服务。

5.YARN 的特点

YARN 的特点主要是针对 MapReduce1.0 问题所提出的解决方案,具体如下。

(1)客户端保持不变,调用 API 及接口大部分保持兼容;

(2)取消原框架中核心的 JobTracker 和 TaskTracker,取而代之的是 ResourceManager、ApplicationMaster 与 NodeManager 三个部分;

(3)新框架设计减少 JobTracker 的资源消耗,并且让监测每一个 Job 子任务(Tasks)状态的程序分布式化;

(4)在新的 YARN 中,ApplicationMaster 是一个可变更的部分,用户可以对不同的编程模型写独立的 App Master,让更多的编程模型能够运行在 Hadoop 集群中;

(5)对资源的表示以内存为单位,比以剩余的 Slot 数目表示更合理;

(6)在 MapReduce1.0 框架中 JobTracker 一个很大的负担就是监控 Job 下的 Tasks 运行状况,现在这个部分改由 ApplicationMaster 执行,而 ResourceManager 中有一个模块称为 ApplicationsMasters(注意与 ApplicationMaster 的区别),它用来监控 ApplicationMaster 的运行状况,如果出现问题,会将其在其他机器上重启;

(7)Container 是 YARN 为了将来做资源隔离而提出的一个框架。

MapReduce1.0 与 YARN 的能力比较如表 3-2 所示。

表 3-2　MapReduce1.0 与 YARN 的能力比较

能力	MapReduce1.0	YARN
执行模式	Hadoop 1 仅支持 MapReduce,将可以执行的活动类型限制为适合 MapReduce 处理模型范围的基于批处理的流程	YARN 对 Hadoop 中可以执行的工作类型没有限制
并发进程	MapReduce 拥有"插槽"的概念,这些插槽是特定于节点的静态配置,可以确定每个节点上可以同时运行的最大映射数和减少进程数;根据 MapReduce 应用程序在生命周期中的位置,通常会导致集群利用不充分	YARN 允许更多的流体资源分配,并且进程数量仅受每个节点配置的最大内存量和 CPU 的限制
内存限制	Hadoop 1 中的插槽也具有最大限制,因此通常会配置 Hadoop 1 群集,以使插槽数乘以每个插槽的最大配置内存量小于可用 RAM,通常导致小于期望的最大时隙内存大小,妨碍运行内存密集型作业的能力	YARN 允许应用程序请求不同内存大小的资源,YARN 具有最小和最大内存限制,但由于插槽数量不再固定,所以最大值可大得多,以支持内存密集型工作负载;YARN 提供了一个更加动态的调度模型,它不限制进程的数量或进程请求的 RAM 的数量

续表

能力	MapReduce1.0	YARN
可扩展性	Job-Tracker 存在并发问题,将 Hadoop 集群中的节点数量限制为 3 000~4 000 个	通过将 MapReduce 的调度部分分离为 YARN,并通过将容错委托给 YARN 应用程序来实现轻量化,YARN 可以扩展到比以前版本的 Hadoop 更大的数量
执行	一次只能在群集上支持单一版本的 MapReduce,在大型多用户环境中希望升级到更新版本的 MapReduce 的产品团队必须管理所有其他用户,这通常导致巨大的协调和一体化的努力,并且使得这样的大型基础设施项目升级	MapReduce 不再是 Hadoop 的核心,现在是在用户空间运行的 YARN 应用程序,这意味着现在可以同时在同一个群集上运行不同版本的 MapReduce;在大型多用户环境中,这是一个巨大的生产力增长,它可以在组织上将产品团队和路线图分开

技能点四　正则表达式

1. 正则表达式介绍

正则表达式又称规则表达式,英文名为 Regular Expression(RE),是一种文本模式,在代码中常被写为 RegEx、RegExp 或 RE。正则表达式通常被用来检索、替换符合某个模式(规则)的文本。

正则表达式是对字符串(包括普通字符(A/a 到 Z/z 之间的字母或数字)和特殊字符(#、%、& 等元字符))操作的一种逻辑公式,规则字符串是先定义好的一些特定字符及这些特定字符的组合,这个"规则字符串"用来表达对字符串的一种过滤逻辑。

2. 设计理念

典型的搜索和替换操作要求提供与预期的搜索结果匹配的确切文本,这种技术对于静态文本执行简单的搜索和替换任务可能已经足够了,但它缺乏灵活性,采用这种方法搜索动态文本会变得十分困难。但是通过使用正则表达式可以实现以下操作。

(1)测试字符串内的模式。可以测试输入字符串,查看字符串内是否出现对应号码模式,称为数据验证。

(2)替换文本。识别文档中的特定文本,完全删除该文本或用其他文本替换它。

(3)基于模式匹配从字符串中提取子字符串。可以查找文档内或输入域内特定的文本。

正则表达式主要应用对象是文本,且具有灵活性高、功能性强等特点,因此它在各种文本编辑器场合都有应用,小到著名编辑器 EditPlus,大到 Microsoft Word、Visual Studio 等大型编辑器,都可以使用正则表达式来处理文本内容。

3. 使用规则

正则表达式简单易学,其中几个较为抽象的概念也很容易理解。但还有很多人感觉正则表达式学习比较复杂。一方面是因为大多数的文档没有做到由浅入深地讲解,概念上没有注意先后顺序,为学习带来了困难;另一方面是因为各种引擎自带的文档一般都要介绍它特有的功能,整体介绍复杂。本任务将知识汇总,以简单易懂的方式对正则表达式进行介绍,接下来通过一些简单的例子(表 3-3)学习正则表达式的使用方法。

表 3-3 正则表达式常用操作符

操作符	说明	实例
.	表示任何单个字符	
[ ]	字符集,对单个字符给出取值范围	[abc] 表示 a、b、c;[a-z] 表示 a 到 z 单个字符
[^]	非字符集,对单个字符给出排除范围	[^abc] 表示非 a 或 b 或 c 的单个字符
*	前一个字符 0 次或无限次扩展	abc* 表示 ab、abc、abcc、abccc 等
+	前一个字符 1 次或无限次扩展	abc+ 表示 abc、abcc、abccc 等
?	前一个字符 0 次或 1 次扩展	abc? 表示 ab、abc
|	左右表达式任意一个	abc|def 表示 abc、def
{m}	扩展前一个字符 m 次	ab{2}c 表示 abbc
{m,n}	扩展前一个字符 m 至 n 次(含 n)	ab{1,2}c 表示 abc、abbc
^	匹配字符串开头	^abc 表示 abc 且在一个字符串的开头
$	匹配字符串结尾	abc$ 表示 abc 且在一个字符串的结尾
( )	分组标记,内部只能使用 | 操作符	(abc) 表示 abc,(abc|def) 表示 abc、def
\d	数字,等价于 [0-9]	
\w	单词字符,等价于 [A-Za-z0-9_]	

正则表达式的语法实例如表 3-4 所示,一些经典的正则表达式如表 3-5 所示。

表 3-4 正则表达式语法实例

正则表达式	对应字符串
P(Y|YT|YTH|YTHO)?N	'PN'、'PYN'、'PYTN'、'PYTHN'、'PYTHON'
PYTHON+	'PYTHON'、'PYTHONN'、'PYTHONNN'…
PY[TH]ON	'PYTON'、'PYHON'
PY[^TH]?ON	'PYON'、'PYaON'、'PYbON'、'PYcON'…
PY{:3}N	'PN'、'PYN'、'PYYN'、'PYYYN'…

表 3-5 经典正则表达式实例

正则表达式	匹配内容	对应字符串
^[A-Za-z]+$	由 26 个字母组成的字符串	'Aaa'、'AAA'
^[A-Za-z0-9]+$	由 26 个字母和数字组成的字符串	'12Aa'、'dsd2As'

续表

正则表达式	匹配内容	对应字符串
^-?\d+$	整数形式的字符串	'-1223'、'434023'
^[0-9]*[1-9][0-9]*$	正整数形式的字符串	'4324'、'53234432'
[1-9]\d{5}	中国境内邮政编码,6位	'300000'、'100000'
[\u4e00-\u9fa5]	匹配中文字符	'中文'、'汉语'
\d{3}-\d{8}|\d{4}-\d{7}	国内电话号码	'022-20180501'、'010-8888'

4.Python RE 库

RE 库是 Python 的标准库,主要用于字符串匹配,调用方式为:import re。RE 库采用 raw string 类型表达正则表达式,表示为 r'tetx',如 r'[1-7]\{6}'。raw string 是不包含对转义字符再次转义的字符串。RE 库也可以采用 string 类型表示正则表达式,但是更为烦琐,因此当正则表达式包含转义字符时,使用 raw string 更为方便。

1)RE 库的主要功能函数

(1)re.search():在一个字符串中搜索匹配正则表达式的第一个位置,返回 Match 对象。

(2)re.match():从一个字符串的开始位置起匹配正则表达式,返回 Match 对象。

(3)re.findall():搜索字符串,以列表类型返回全部能匹配的字符串。

(4)re.split():将一个字符串按照正则表达式匹配结果进行分割,返回列表类型。

(5)re.finditer():搜索字符串,返回一个匹配结果的迭代类型,每个迭代元素是 Match 对象。

(6)re.sub():在一个字符串中替换所有匹配正则表达式的子串,返回替换后的字符串。

re.search() 函数的使用方法为 re.search(pattern,string,flags=0),在一个字符串中搜索匹配正则表达式的第一个位置返回 Match 对象,它的参数具体解释如下:

(1)pattern:正则表达式的字符串或原始字符串;

(2)string:待匹配字符串;

(3)flags:正则表达式使用时的控制标记。

其他函数的使用方法和 re.search() 类似,具体操作就不一一列举。在 RE 库中还有些常用的标记,如表 3-6 所示。

表 3-6 常用标记介绍

常用标记	说明
re.I(re.IGNORECASE)	忽略正则表达式的大小写,[A-Z] 能够匹配小写字符
re.M(re.MULTILINE)	正则表达式中的 ^ 操作符能够将给定字符串的每行当作匹配开始
re.S(re.DOTALL)	正则表达式中的 . 操作符能够匹配所有字符,默认匹配除换行外的所有字符

2)RE 库的 Match 对象

Match 对象是一次匹配的结果,包含匹配的很多信息;Match 对象的属性及 Match 对象的方法如表 3-7 和表 3-8 所示。

表 3-7 Match 对象的属性

属性	说明
.string	待匹配的文本
.re	匹配时使用的 patter 对象（正则表达式）
.pos	正则表达式搜索文本的开始位置
.endpos	正则表达式搜索文本的结束位置

表 3-8 Match 对象的方法

方法	说明
.group(0)	获得匹配后的字符串
.start()	匹配字符串在原始字符串的开始位置
.end()	匹配字符串在原始字符串的结束位置
.span()	返回 (.start(), .end())

3) RE 库的贪婪匹配和最小匹配

在需要匹配不同修饰的特殊符号时，有几种表示方法可以使同一个表达式能够匹配不同的次数，如"{m,n}"、"{m,}"、"?"、"*"和"+"，具体匹配的次数随被匹配的字符串改变。这种重复匹配不定次数的表达式在匹配过程中总是尽可能多的匹配，故常称为贪婪匹配。

如果在修饰匹配次数的特殊符号后再加上一个"?"号，可以使匹配次数不定的表达式尽可能少地匹配，可匹配可不匹配的表达式采取"不匹配"模式。这种匹配方式称非贪婪匹配，也称勉强匹配。通过一个例子来看看两者结果的区别，如表 3-9 所示。

表 3-9 贪婪匹配与非贪婪匹配对比

匹配模式	正则表达式	匹配结果
贪婪匹配	re.search(r'PY.*N', 'PYANBNCNDN')	PYANBNCNDN
非贪婪匹配	re.search(r'PY.*?N', 'PYANBNCNDN')	PYAN

RE 库默认采用贪婪匹配，输出匹配长的字符串。如果想进行最小匹配，可以使用下面的最小匹配符来进行匹配，如表 3-10 所示。

表 3-10 最小匹配使用

操作符	说明
*?	前一个字符 0 次或无限次扩展

续表

操作符	说明
+?	前一个字符 1 次或无限次扩展
??	前一个字符 0 次或 1 次扩展
{m,n}	扩展前一个字符 m 至 n 次（含 n）

只要长度输出可能不同，都可以通过在操作符后增加"?"变成最小匹配，要想真正地用好正则表达式，正确地理解各种字符是很重要的。

5. 技能实施：日志文件处理

1）实验目标

在学习完正则表达式理论知识后，可以使用正则表达式判断字符串或提取字符串内容。

2）实验要求

独立完成使用正则表达式提取字符串信息。

3）实验步骤

（1）进入 /usr/local/ 目录下。

（2）新建 RETest.py 文件，梳理待解析字符串格式，制定对应正则表达式，设计解析代码，解析字符串，并输出结果。

（3）运行代码并查看解析结果。

4）参考流程

详细流程参考示例代码 CORE0305 所示。

步骤	示例代码 CORE0305 RETest.py
1	[root@master ~]# cd /usr/local
2	[root@master local]# vi RETest.py #!/usr/bin/env python import re line ='192.168.0.1 25/Oct/2012:14:46:34 "GET /api HTTP/1.1" 200 44 "http://abc.com/search" "Mozilla/5.0"' reg = re.compile('^(?P<remote_ip>[^]*) (?P<date>[^]*) "(?P<request>[^"]*)" (?P<status>[^]*) (?P<size>[^]*) "(?P<referrer>[^"]*)" "(?P<user_agent>[^"]*)"') regMatch = reg.match(line) linebits = regMatch.groupdict() m=0 for k, v in linebits.items() : m=m+1 print (str(m)+":("+k+": "+v+")")
3	[root@master local]# python RETest.py

运行结果如图 3-11 所示。

```
[root@master local]# python RETest.py
1:(user_agent: Mozilla/5.0)
2:(remote_ip: 192.168.0.1)
3:(referrer: http://abc.com/search)
4:(date: 25/Oct/2012:14:46:34)
5:(size: 44)
6:(request: GET /api HTTP/1.1)
7:(status: 200)
```

图 3-11　运行结果

技能点五　Hadoop Streaming

1. 简介

Hadoop 使用 Java 编写，因此 Mapper 和 Reducer 可以原生地接受 Java 代码。但这并不意味着用其他语言编写的代码不能与 Hadoop 一起使用（很多情况下需要在 Hadoop 中使用非 Java 代码），一般使用以下三种技术解决。

（1）Pipes：该技术只专注于在 Hadoop 平台下运行 C++ 程序，只允许用户使用 C++ 语言进行 MapReduce 程序设计。

（2）Hadoop Streaming：使得除了 Java 之外的多种其他语言如 C/C++/Python/C# 甚至 Shell 脚本等运行在 Hadoop 平台下。

（3）Java 本地接口 (JNI)：使得在 Hadoop 平台下开发 Java 程序且能调用 C++ 函数完成在 Hadoop Java 版应用中运行 C++ 程序的目的。

Streaming 是一个通用 API，允许将使用几乎任何语言编写的程序用作 Hadoop Mapper 和 Reducer 实现。Mapper 和 Reducer 从 stdin 接收输入并向 stdout 派发输出（键 / 值对）。在 Streaming 实现中，输入和输出总以文本形式表示。输入（键 / 值对）被写入 Mapper 或 Reducer 的 stdin，并使用 tab 字符分隔键与值。Streaming 程序拆分输入中每行的第一个 tab 字符来获取键和值。Streaming 程序以相同的格式将它们的输出写入到 stdout，键和值由 tab 分隔，键值对由回车换行分隔。Reducer 的输入会被排序，因此虽然每行只包含单个键值对，但相同键的所有值均会彼此相邻。当使用 Streaming 时，可以将任意 Linux 程序或工具作为 Mapper 或 Reducer。

2. Hadoop Streaming 工作原理

Mapper 和 Reducer 都是可执行文件，它们从 stdin（逐行读取）输入，并将输出发送到 stdout（标准输出）。该实用程序将创建 Map / Reduce 作业，将作业提交到适合的群集，并监视作业的进度直到完成。

为 Mapper 指定可执行文件时，每个 Mapper 任务将作为单独的进程启动可执行文件。当 Mapper 任务运行时，它将其输入转换为行，并将行提供给进程的 stdin。同时，Mapper 从进程的 stdout 中收集面向行的输出,并将每行转换为一个键值对,将其作为 Mapper 的输出进行收集。默认情况下,直到第一个制表符,行的前缀为键,行的其余部分(不包括制表符)将是该值。如果行中没有制表符,则整行被认为是关键字,值为空。但是,可以通过设置 -inputformat 来自定义命令选项。

为 Reducer 指定可执行文件时,每个 Reducer 任务将启动可执行文件作为一个单独的进程,然后 Reducer 被初始化。当 Reducer 任务运行时,它将其输入键值对转换为行,并将行提供给进程的 stdin。同时,Reducer 从进程 stdout 中收集面向行的输出,将每行转换为一个键值对,将其作为 Reducer 的输出。默认情况下,直到第一个制表符,行的前缀是关键字,行的其余部分(不包括制表符)是值。但是,这可以通过设置 -outputformat 命令选项来定制。

3.Hadoop Streaming 命令介绍

Hadoop Streaming 支持流式命令选项和通用命令选项。一般命令行语法如下所示。

```
mapred streaming [genericOptions] [streamingOptions]
```

注意:确保在流式选项之前放置通用选项,否则命令将失败。

(1)genericOptions:通用命令选项。
(2)streamingOptions:流式命令选项。

Hadoop Streaming 命令介绍如表 3-11 所示。

表 3-11　Hadoop Streaming 命令介绍

参数	说明
-input directoryname or filename	Mapper 输入位置
-output directoryname	Reducer 输出位置
-mapper executable or JavaClassName	Mapper 可执行文件,如果没有指定,则使用 IdentityMapper 作为默认值
-reducer executable or JavaClassName	Reducer 可执行文件,如果没有指定,则使用 IdentityReducer 作为默认值
-file filename	在计算节点上,使 Mapper、Reducer 或 Combiner 可执行文件在本地可用
-inputformat JavaClassName	提供的类应该返回文本类的键值对,如果未指定,将使用 TextInputFormat 作为默认值
-outputformat JavaClassName	提供的类应该采用文本类的键值对,如果未指定,将使用 TextOutputformat 作为默认值
-partitioner JavaClassName	指定 partitioner Jate 类
-combiner streamingCommand or JavaClassName	组合可执行的 Map 输出
-cmdenv name=value	将环境变量传递给 Streaming 命令
-inputreader	对于向后兼容性,指定一个记录阅读器类(而不是输入格式类)

参数	说明
-verbose	详细输出
-lazyOutput	创建输出延迟,如果输出格式基于 FileOutputFormat,则仅在第一次调用 Context.write 时创建输出文件
-numReduceTasks	指定减速器的数量
-mapdebug	脚本在 Map 任务失败时调用
-reducedebug	脚本在 Reduce 任务失败时调用

4.Hadoop Streaming 命令使用

Hadoop Streaming 的使用有多种方式,通过以下几项可以介绍详细了解。

(1)指定一个 Java 包作为 Mapper 或 Reducer。

```
mapred streaming \
  -input myInputDirs \
  -output myOutputDir \
  -inputformat org.apache.hadoop.mapred.KeyValueTextInputFormat \
  -mapper org.apache.hadoop.mapred.lib.IdentityMapper \
  -reducer /usr/bin/wc
```

(2)指定任何可执行文件作为 Mapper 和 Reducer。可执行文件不需要在集群中的机器上预先存在;但是,如果不存在,则需要使用"-file"选项来告诉框架将可执行文件打包为作业提交的一部分。

```
mapred streaming \
  -input myInputDirs \
  -output myOutputDir \
  -mapper myPythonScript.py \
  -reducer /usr/bin/wc \
  -file myPythonScript.py
```

(3)打包 Mapper 和 Reducer 可能使用的其他辅助文件(字典或配置文件等)。

```
mapred streaming \
  -input myInputDirs \
  -output myOutputDir \
  -mapper myPythonScript.py \
  -reducer /usr/bin/wc \
  -file myPythonScript.py \
  -file myDictionary.txt
```

（4）指定其他插件作为 Map / Reducer 作业。

-inputformat JavaClassName
-outputformat JavaClassName
-partitioner JavaClassName
-combiner streamingCommand or JavaClassName

5.Hadoop 通用命令介绍

Hadoop 通用命令在 Hadoop Streaming 的运用上是必不可少的，并且通用命令一定要放在 Streaming 命令之前，否则命令失败。通用命令一般语法如下：

hadoop command [genericOptions] [streamingOptions]

通用命令如表 3-12 所示。

表 3-12　通用命令介绍

参数	说明
-conf configuration_file	指定一个应用程序配置文件
-D property=value	给定属性使用值
-fs host:port or local	指定一个名称节点
-files	指定要复制到 Map / Reduce 群集的逗号分隔文件
-libjars	指定逗号分隔的 jar 文件已包含在类路径中
-archives	指定逗号分隔的档案在计算机上取消存档

在项目二的任务实施完成数据文件上传至 HDFS 系统后，设计 Python 程序清洗元数据文件中的用户访问 IP、用户请求时间和请求 url，最终使用 hadoop-streaming2.7.2 工具执行 MapReduce 数据清洗，完成 Persona 项目数据清洗任务。

第一步：新建 /usr/local/python 目录，并拷贝 hadoop-streaming2.7.2 工具包到本地新建目录，如示例代码 CORE0306 所示。

示例代码 CORE0306 新建目录并拷贝文件

[root@master ~]# mkdir /usr/local/python
[root@master ~]# cp /usr/local/hadoop/share/hadoop/tools/lib/hadoop-streaming-2.7.2.jar /usr/local/python

第二步：在 python 目录中设计 Map.py 处理元数据内容（注意语言缩进），如示例代码 CORE0307 所示。

示例代码 CORE0307 Map.py

```python
[root@master ~]# vi /usr/local/python/Map.py
# 指定本文件为 python 解释器执行文件
#!/usr/bin/env python
# 导入 Python 所需库
import sys
import re
import time
import datetime
# 循环取出每行数据
for line in sys.stdin:
    try:
        # 定义正则表达式分析数据
        reg = re.compile('([0-9]{1,3}\.[0-9]{1,3}\.[0-9]{1,3}\.[0-9]{1,3}) - - \[(.*) ([+|-][0-9]{1,4})\] \"([A-Z]{1,4}) (.*) HTTP/1.1\" ([0-9]*) ([0-9]*)')
        # 使用正则表达式解析每行数据
        regMatch = reg.match(line)
        # 定义第一项输出
        remote_ip = regMatch.group(1)
        # 定义第二项输出
        date = regMatch.group(2)
        # 格式时间修改
        date=datetime.datetime.strptime(date,'%d/%B/%Y:%H:%M:%S').strftime('%Y%m%d%H%M%S')
        # 定义第三项输出
        url = regMatch.group(5)
        # 判断格式正误
        if ((url.startswith("/uc_server")==False) and (url.startswith("/static")==False) and (url != " ")) :
            # 定义输出格式
            print('%s\t%s\t%s' % (date,remote_ip, url))
    except Exception  as e:
        pass
```

第三步：在 Python 目录中进行去空行设计并输出内容的 Reduce.py（注意语言缩进），如示例代码 CORE0308 所示。

项目三 强大的计算框架（MapReduce）

示例代码 CORE0308 Reduce.py

```
[root@master ~]# vi /usr/local/python/Reduce.py
#!/usr/bin/env python
import sys
for line in sys.stdin:
    line = line.strip()
    if line != ' ':
        print (line)
```

第四步：使用 Hadoop-streaming 包组织 Python MapReduce 执行过程，如示例代码 CORE0309 所示，执行过程如图 3-12 所示。

示例代码 CORE0309 运行 PythonMapReduce

[root@master ~]# hadoop jar /usr/local/python/hadoop-streaming-2.7.2.jar -file /usr/local/python/Map.py -mapper Map.py -file /usr/local/python/Reduce.py -reducer Reduce.py -input /acelog/input/access_2018_05_01.log -output /acelog/output

```
[root@master local]# hadoop jar /usr/local/python/hadoop-streaming-2.7.2.jar -file /usr/local/python/Map.py -mapper Map.py -file /usr/local/python/Reduce.py -reducer Reduce.py -input /acelog/input/access_2018_05_01.log -output /acelog/output
18/03/18 18:50:52 WARN streaming.StreamJob: -file option is deprecated, please use generic option -files instead.
18/03/18 18:50:52 WARN util.NativeCodeLoader: Unable to load native-hadoop library for your platform... using builtin-java classes where applicable
packageJobJar: [/usr/local/python/Map.py, /usr/local/python/Reduce.py, /tmp/hadoop-unjar5785142084220680108/] [] /tmp/streamjob8196319658593520205.jar tmpDir=null
18/03/18 18:50:57 INFO mapred.FileInputFormat: Total input paths to process : 1
18/03/18 18:50:57 INFO mapreduce.JobSubmitter: number of splits:2
18/03/18 18:50:58 INFO mapreduce.JobSubmitter: Submitting tokens for job: job_1521424015298_0001
18/03/18 18:50:58 INFO impl.YarnClientImpl: Submitted application application_1521424015298_0001
18/03/18 18:50:59 INFO mapreduce.Job: The url to track the job: http://master:8088/proxy/application_1521424015298_0001/
18/03/18 18:50:59 INFO mapreduce.Job: Running job: job_1521424015298_0001
18/03/18 18:51:16 INFO mapreduce.Job: Job job_1521424015298_0001 running in uber mode : false
18/03/18 18:51:16 INFO mapreduce.Job:  map 0% reduce 0%
18/03/18 18:51:44 INFO mapreduce.Job:  map 8% reduce 0%
18/03/18 18:51:47 INFO mapreduce.Job:  map 16% reduce 0%
……
18/03/18 18:52:32 INFO mapreduce.Job:  map 100% reduce 100%
18/03/18 18:52:35 INFO mapreduce.Job: Job job_1521424015298_0001 completed successfully
18/03/18 18:52:36 INFO mapreduce.Job: Counters: 49
        File System Counters
……
        File Output Format Counters
                Bytes Written=12636487
18/03/18 18:52:36 INFO streaming.StreamJob: Output directory: /acelog/output
```

图 3-12　清洗过程图

第五步：在执行日志清洗过程中通过浏览器输入 http://127.0.0.1:8088 进入 YARN 的 Web 端口查看当前运行状态，如图 3-13 所示。

图 3-13　YARN Web 首页图

注：该 web 端口的主要模块说明如表 3-13 所示。

表 3-13　web 端口主要模块说明

模块	说明
ID	当前任务的序列号
User	用户名（任务的执行者）
Name	任务 jar 包的名称
Application Type	当前任务的类型
Start/Finish Time	开始时间 / 结束时间
State	当前任务的状态（进行中 / 已结束）
Final Status	任务的结果（成功 / 失败）
Progress	进程（当前任务的进度）

第六步：查看日志文件清洗结果，如示例代码 CORE0310 所示，部分结果如图 3-14 所示。

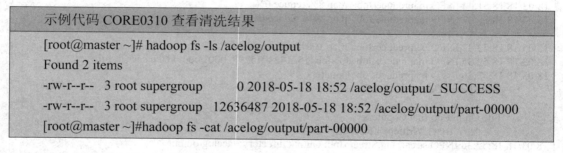

示例代码 CORE0310 查看清洗结果

[root@master ~]# hadoop fs -ls /acelog/output
Found 2 items
-rw-r--r--   3 root supergroup   0 2018-05-18 18:52 /acelog/output/_SUCCESS
-rw-r--r--   3 root supergroup   12636487 2018-05-18 18:52 /acelog/output/part-00000
[root@master ~]#hadoop fs -cat /acelog/output/part-00000

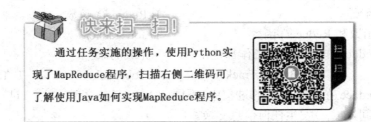

```
20180501100510  95.138.112.80    /action.do?mod=register
20180501100510  125.108.127.126  /ub_server/data/avatar/000/08/43/64_avatar_small.jpg
20180501100510  92.106.119.93    /data/attachment/common/c8/common_2_verify_icon.png
20180501100510  109.109.123.101  /ub_server/data/avatar/000/08/43/64_avatar_small.jpg
20180501100510  124.128.117.129  /action.do?mod=register
20180501100510  132.118.105.135  /action.do?mod=register
20180501100510  97.94.119.130    /data/attachment/common/c8/common_2_verify_icon.png
20180501100510  81.82.134.96     /data/attachment/common/c8/common_2_verify_icon.png
20180501100510  109.129.86.116   /data/attachment/common/c8/common_2_verify_icon.png
20180501100510  134.105.139.84   /action.do?mod=register
20180501100510  88.115.131.125   /ub_server/data/avatar/000/08/43/64_avatar_small.jpg
20180501100510  123.115.91.90    /action.do?mod=register
20180501100510  101.90.94.92     /action.do?mod=register
20180501100510  86.119.118.101   /ub_server/data/avatar/000/08/43/64_avatar_small.jpg
20180501100510  138.98.118.104   /action.do?mod=register
20180501100510  101.119.90.103   /data/attachment/common/c8/common_2_verify_icon.png
20180501100510  134.105.96.105   /data/attachment/common/c8/common_2_verify_icon.png
20180501100510  131.107.117.81   /ub_server/data/avatar/000/08/43/64_avatar_small.jpg
……
```

图 3-14　清洗后日志文件部分结果

数据清洗完成后，元数据与新数据区别如图 3-1 和图 3-2 所示。

扫描下方二维码可以了解 Java 实现数据清洗的流程。

任务总结

本项目主要对 Hadoop 计算框架 MapReduce 的知识点进行介绍，详细介绍了 MapReduce 的设计思想、架构设计与任务的执行过程。通过对正则表达式的详细介绍使读者在编写 MapReduce 程序时能够对所需处理的对象进行精准、便捷的匹配，达到快速处理的目的。最终整合所学知识完成目标数据的清洗与筛选，为 Persona 项目准备数据基础。

Key	键	Task	任务
Slot	槽	Split	片
Job	作业	Input	输入
Regular Expression	正则表达式	Streaming	流
TaskScheduler	任务调度		

1. 选择题

（1）MapReduce 计算模型的核心是（　　）。

A.Map() 函数　　　　　　　　　　　B.Reduce() 函数

C. Map() 函数和 Reduce() 函数　　　　D.JobTracker

（2）MapReduce 作业的计算工作都是由（　　）完成的。

A.Client　　　B. TaskTracker　　　C. JobTracker　　　D.Task

（3）MapReduce 在执行任务的过程中，不同的 Map 任务之间（　　）进行通信，不同的 Reduce 任务之间（　　）发生任何信息交换。（　　）

A. 会、会　　　B. 会、不会　　　C. 不会、会　　　D. 不会、不会

（4）正则表达式中"."表示的内容是（　　）。

A. 任何单个字符　　　　　　　　　B. 任何两个字符

C. 任何三个字符　　　　　　　　　D. 任何多个字符

（5）正则表达式"abc*"可以匹配出的内容是（　　）。

A. aab　　　B.abb　　　C.abc　　　D.abbc

2. 判断题

（1）MapReduce 的设计理念是"数据向计算靠拢"。（　　）

（2）MapReduce 运算过程只能使用 Java 语言来编写。（　　）

（3）MapReduce 体系机构主要由三个部分组成，分别是 Client、JobTracker、TaskTracker。（　　）

（4）RE 库默认采用最小匹配规则。（　　）

（5）Task 分为 Map Task 和 Reduce Task 两种，均由 TaskTracker 启动。（　　）

3. 简答题

（1）MapReduce 的设计思想是什么？

（2）Hadoop 的资源管理采用了静态资源设置方案，即每个节点配置好 Map 槽和 Reduce 槽的数量，一旦 Hadoop 启动后将无法动态更改这样的资源管理方案的弊端有哪些？

（3）通过使用正则表达式怎样使任务操作变得更简捷？

项目四　数据仓库工具（Hive）

通过使用 Hive 工具对 MapReduce 清洗后的用户行为进行指标查询，了解 Hive 的基本概念，掌握 Hive 的体系结构、工作原理及数据类型，熟练使用 HiveQL 命令对数据进行操作，实践 HiveQL 数据库操作和 Hive 数据预处理任务。在任务实现过程中：

- 掌握 Hive 的数据类型；
- 掌握 Hive 的数据模型；
- 掌握 HiveQL 的基本语法；
- 熟练使用 HiveQL 语言进行数据操作。

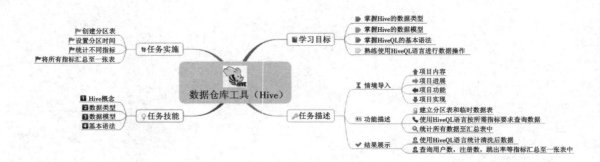

项目四 数据仓库工具（Hive） 79

【情境导入】

当 Persona 项目的日志文件清洗完成后，需要对用户的浏览量、用户的访问量等指标进行统计，Hive 为这类查询提供了一种类似于传统数据库查询（类 SQL）的解决方法，方便开发人员对存储在 HDFS 上的文件进行查询。本任务主要使用 HiveQL 查询语言，实现 Hive 对 MapReduce 清洗后的用户行为日志数据进行指标查询。

【功能描述】

> 建立分区表和临时数据表。
> 使用 HiveQL 语言按所需指标要求查询数据。
> 统计所有数据至汇总表中。

【结果展示】

通过对本次任务的学习，实现对 Hive 数据仓库的使用，并使用 HiveQL 语言统计清洗后的数据，将查询用户数、注册数、跳出率等指标汇总至一张表中，结果如图 4-1 所示。

```
hive> select * from statistics_db_2018_05_01;
OK
2018_05_01    1331557  443296  1265795  1202301
Time taken: 0.222 seconds, Fetched: 1 row(s)
```

图 4-1　统计结果汇总

技能点一　Hive 概念

1.Hive 简介

Hive 是建立在 Hadoop 上的数据仓库基础工具,最初是应 Facebook 每天产生的海量新兴社交网络数据进行管理和机器学习的需求而产生和发展的。它提供了一系列的工具,用来进行数据提取、转化和加载,并可将筛选后的数据映射为表,这是一种可以存储、查询和分析 Hadoop 中大规模数据的机制。Hive 定义了简单的类 SQL 查询语言(HiveQL),方便熟悉 SQL 的用户进行数据检索。同时,这个语言也允许熟悉 MapReduce 的开发者开发自定义的 Mapper 和 Reducer 来处理内建的 Mapper 和 Reducer 无法完成的复杂的分析工作。

2.体系结构

Hive 的系统架构组成主要包括用户界面、元数据存储、执行引擎和存放数据的 HDFS 系统或 HBase 数据库,如图 4-2 所示。

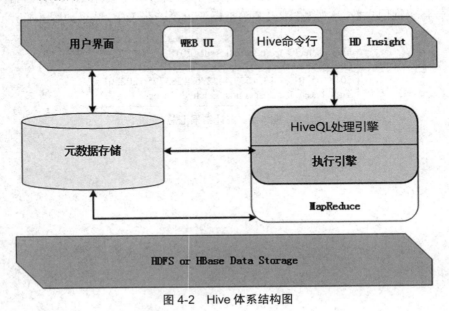

图 4-2　Hive 体系结构图

Hive 的各个组成单元详细介绍如表 4-1 所示。

表 4-1 Hive 组成单元详细介绍

单元名称	操作
用户接口/界面	用户接口/界面最常见的有 Hive 命令行、客户端和 Web UI 三种形式，启动命令行时会同时启动一个 Hive 副本，启动客户端时需指出 Hive Server 所在节点并在该节点启动 Hive Server，Web UI 通过浏览器访问 Hive
元数据存储	Hive 选择各自的数据库服务器，用以储存表、数据库、列模式或元数据表，它们的数据类型和 HDFS 进行映射
HiveQL 处理引擎	HiveQL 类似于 SQL 的查询上元数据存储模式信息，是传统的方式进行 MapReduce 程序的替代品之一；相反，使用 Java 编写的 MapReduce 程序，可以编写为 MapReduce 工作，并处理它的查询
执行引擎	HiveQL 处理引擎和 MapReduce 的结合部分由 Hive 执行引擎，执行引擎处理查询并产生与 MapReduce 一样的结果，它采用 MapReduce 方法
HDFS 或 HBase	Hadoop 的分布式文件系统或者 HBase 数据存储技术用于将数据存储到文件系统

3. 工作原理

Hive 与 Hadoop 框架间的工作流程如图 4-3 所示。

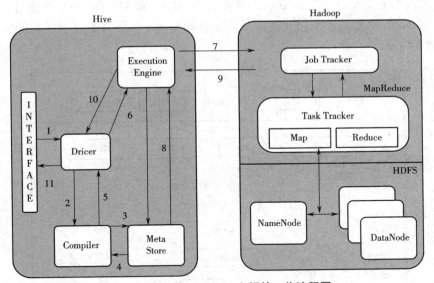

图 4-3 Hive 与 Hadoop 之间的工作流程图

详细流程如下所述：

（1）Hive 接口 INTERFACE（命令行或 Web UI 等）将查询发送 Driver（任何数据库驱动程序，如 JDBC，ODBC 等）来执行；

（2）Driver 根据 Compiler（编译器）解释 Query 语句，验证 Query 语句的语法、查询计划或查询的要求；

（3）Compiler 发送元数据请求到 Metastore（任何数据库）；

（4）Metastore 将元数据作为响应发送给 Compiler；

(5) Compiler 检查要求并重新发送计划给 Driver，到此为止查询解析和编译完成；

(6) Driver 将执行计划发送到 Execution Engine（执行引擎）；

(7) 在内部执行作业的过程是一个 MapReduce 工作，Execution Engine 发送作业给 JobTracker（在名称节点），并把它分配作业到 TaskTracker（在数据节点），在这里查询执行 MapReduce 工作；

(8) Execution Engine 可以通过 Metastore 执行元数据操作；

(9) Execution Engine 接收来自数据节点的结果；

(10) Execution Engine 发送结果给 Driver；

(11) Driver 将结果发送给 Hive 接口。

4. 企业级框架应用

Hive 作为 Hadoop 平台上的数据仓库工具，其应用已经十分广泛，主要是因为它具有存储的特点，非常适合数据仓库应用程序。首先 Hive 把 HiveQL 语句转换成 MapReduce 任务后，采用批量处理的方式对海量数据进行处理。数据仓库存储的是静态数据，因此构建于数据仓库上的应用程序只进行相关的静态数据分析，不需要快速响应给出结果，并且数据本身也不会频繁变化，因而很适合采用 MapReduce 进行批处理。这些工具能够很好地满足数据仓库的各种应用场景，包括维护海量数据、对数据进行挖掘、形成意见和报告等。当前企业中部署的大数据分析平台，除 Hadoop 的基本组件 HDFS 和 MR 外，还结合使用 Hive、Pig、HBase 和 Mahout，从而满足不同业务场景需求。如图 4-4 所示为企业中常见的大数据分析平台部署框架。

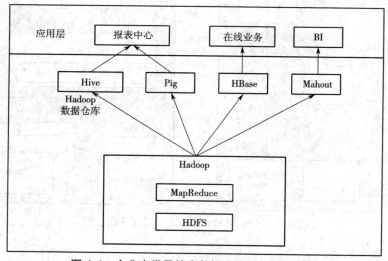

图 4-4　企业中常见的大数据分析平台部署框架

在这种框架中，Hive 主要用于报表中心分析报表。Hive 构建在基于静态批处理的 Hadoop 之上，Hadoop 通常都有较高的延迟，并且在作业提交和调度的时候需要大量的开销。因此，Hive 无法实现在大规模数据集上低延迟、快速的查询，例如 Hive 在几百 MB 的数据集上执行查询一般有分钟级的时间延迟。因此，Hive 并不适合需要低延迟的应用，例如联机事务处理 (OLTP) 也称为面向交易的处理过程，其基本特征是前台接收的用户数据可以立即传送到计算中心进行处理，并在很短的时间内给出处理结果，是对用户操作快速给出响应的方式之一。

Hive 查询操作过程严格遵守 Hadoop MapReduce 的作业执行模型，Hive 将输入的 HiveQL 语句通过解释器转换为 MapReduce 作业提交到 Hadoop 集群上，Hadoop 监控作业执行过程，然后将作业执行结果反馈给用户。Hive 并非为联机事务处理而设计，Hive 并不提供实时的查询和基于行级的数据更新操作。Hive 的最佳使用场合是大数据集的批处理作业，例如网络日志分析。

技能点二　数据类型

Hive 支持两种数据类型，一种是原子数据类型，另一种是复杂数据类型。原子数据类型包括数值型、布尔型和字符串型，原子数据类型具体如表 4-2 所示。

表 4-2　原子数据类型

类型	描述	示例
TINYINT	1 个字节（8 位）有符号整数	1
SMALLINT	2 个字节（16 位）有符号整数	1
INT	4 个字节（32 位）有符号整数	1
BIGINT	8 个字节（64 位）有符号整数	1
FLOAT	4 个字节（32 位）单精度浮点数	1.0
DOUBLE	8 个字节（64 位）双精度浮点数	1.0
BOOLEAN	True/False	True
STRING	字符串	'xia',"xia"

由上表可知，Hive 不支持日期类型，在 Hive 中日期都是用字符串来表示的，而常用的日期格式转化操作则通过自定义函数实现。

Hive 是使用 Java 语言开发的，Hive 的基本数据类型和 Java 的基本数据类型（除 char 类型）是一一对应的，如表 4-3 所示。

表 4-3　Hive 对应 Java 数据类型

Hive 内数据类型	Java 内数据类型	字节或类型
TINYINT	byte	单字节
SMALLINT	short	2 个字节
INT	int	4 个字节
BIGINT	long	8 个字节

续表

Hive 内数据类型	Java 内数据类型	字节或类型
FLOAT	float	
DOUBLE	double	
BOOLEAN	boolean	true/false

表 4-3 中无 String 类型，因为 Hive 的 String 类型相当于数据库内的 varchar 类型，该类型是一个可变的字符串，不能进行声明，其中最多能存储 2 GB 的字符数。

因为 Hive 是用 Java 编写的，所以 Hive 也支持基本类型的转换，低字节的基本类型可以转化为高字节的类型，如 TINYINT、SMALLINT、INT 类型可以转化为 FLOAT，而所有的 INT、FLOAT 以及 STRING 类型可以转化为 DOUBLE 类型。Hive 使用自定义函数 CAST 也能够将高字节类型转化为低字节类型。

复杂数据类型包括数组（ARRAY）、映射（MAP）和结构体（STRUCT），具体如表 4-4 所示。

表 4-4 复杂数据类型

类型	描述	举例
STRUCT	一组命名的字段，字段的类型可以不同	Struct('a',2,1,2)
ARRAY	一组有序的字段，字段的类型必须相同	Array(3,4)
MAP	一组无序的键值对，键的类型必须是原子，值可以是任何类型，同一个映射的键的类型必须相同，值得类型也必须相同	Map('a',2,'b',5)

想了解数据类型的知识或 Hive 针对元数据存储的模式扫描下面二维码即可。

通过对Hive数据类型的学习，掌握了很多关于数据类型和数据的知识，扫描右侧二维码了解更多有关数据类型的知识。

技能点三　数据模型

Hive 是一个数据仓库工具，虽然本质上与数据库有很大区别，但提供了数据库和标的概念，并可在表中进行列的定义。根据 Hive 官网介绍，Hive 数据类型大体上可以分成以下几个大类：数据库（Database）、表（Table）、分区表（Partition）和桶表（Bucket）。

1. 数据库（Database）

Database 相当于关系数据库里的命名空间（namespace），它的作用是将用户和数据库的应用隔离到不同的数据库或模型中，在 Hive 0.6.0 之后的版本支持该模型，Hive 提供了 create database dbname，use dbname 以及 drop database dbname 等语句，供用户使用。

2. 表（Table）

Hive 表逻辑上由存储的数据和描述表格中数据形式的相关元数据组成。表存储的数据存放在 HDFS 里，元数据存储在关系型数据库中，当创建一个 Hive 的表，还没有为表加载数据时，该表在 HDFS 中。

Hive 里的表有两种类型，一种为内部表，另一种为外部表，具体区别如下。

（1）内部表：数据文件存储在 Hive 的数据仓库中；做删除表操作，就删除了目录及数据。

（2）外部表：数据文件可以存放在 Hive 数据仓库外部的 HDFS 上，也可以存放在 Hive 数据仓库工具中（注意：Hive 的数据仓库工具也就是 HDFS 上的一个目录，这个目录是 Hive 数据文件存储的默认路径，它可以在 Hive 的配置文件里进行配置，最终也会存放到元数据仓库里）；做删除表操作，只是删除了元数据的信息，并不会删除 HDFS 上的数据。

表的创建命令如表 4-5 所示。

表 4-5　表的创建语句

类型	语法
内部表	Create table tuoguan_tbl (flied string); Load data local inpath 'home/hadoop/test.txt' intotabletuoguan_tbl;
外部表	Create external table external_tbl (flied string) Location '/home/hadoop/external_table'; Load data local inpath 'home/hadoop/test.txt' intotableexternal_tbl;

由表 4-5 所示语法可知，创建外部表时，table 之前要加关键字 external，同时还要用 location 命令指定文件存储的路径，如果不使用 location 命令，数据文件也会放置到 Hive 的数据仓库里。

这两种表的区别主要表现在 drop 命令上。drop 命令是 Hive 删除表的命令，内部表执行 drop 命令时，会删除元数据和存储的数据；而外部表执行 drop 命令时，只删除元数据库里的数据，而不会删除存储的数据。表的 load 命令也是很重要的，Hive 加载数据时不会对元数据进行任何检查，只是简单地移动文件的位置，如果源文件格式不正确，也只有查询操作时才能发现，错误格式的字段会以 NULL 来显示。

3. 分区表（Partition）

Hive 内分区工作是根据"分区列"的值对表的数据进行粗略划分的机制，在 Hive 存储上主要体现在表的主目录下的一个子目录，这个文件夹的名字就是定义的分区列的名字，分区列不是表里的某个字段，而是独立的列，根据这个列存储表的数据文件。分区是为了加快数据的查询速度而设计的，在查询某个具体分区列里的数据时没必要进行全表扫描。表 4-6

给出了一个分区使用的实例。

表 4-6 分区表示例

操作方式	语法
创建分区	Create table logs(ts bigint,line string) Partitioned by (dt string,country string);
加载数据	Local data local inpath '/home/hadoop/par/file1.txt' into table logs partition (dt='2013-06-02',country='cn'); Local data local inpath '/home/hadoop/par/file2.txt' into table logs partition (dt='2013-06-02',country='cn'); Local data local inpath '/home/hadoop/par/file3.txt' into table logs partition (dt='2013-06-02',country='us'); Local data local inpath '/home/hadoop/par/file4.txt' into table logs partition (dt='2013-06-02',country='us');
在 Hive 数据仓库里实际存储的位置	/user/Hive/warehouse/logs/dt=2013-06-02/country=cn/file1.txt /user/Hive/warehouse/logs/dt=2013-06-02/country=cn/file2.txt /user/Hive/warehouse/logs/dt=2013-06-02/country=us/file3.txt /user/Hive/warehouse/logs/dt=2013-06-02/country=us/file4.txt

由表 4-6 可知，在表 logs 的目录下有两层子目录"dt=2013-06-02"和"country=cn"，此时在执行操作 Select ts,dt,line from logs where country='cn', 只会扫描 file1.txt 和 file2.txt 文件。

4. 桶表 (Bucket)

表和分区表都是目录级别的拆分数据,桶表则是对数据源和数据文件本身拆分数据。使用桶表会将源数据文件按一定规律拆分成多个文件,对数据进行哈希取值,然后放到不同文件中存储。数据加载到桶表时,会对字段取哈希值,然后与桶的数量取模,再把数据放到对应的文件中。桶表语法实例如表 4-7 所示。

表 4-7 桶表语法实例

操作	语法
创建表	create table bucket_table(id string) clustered by(id) into 4 bucket;
加载数据	set Hive.enforce.bucket = true; insert into table bucket_table select name from stu; insert overwrite table bucket_table select name from stu;
抽样查询	Select * from bucket_table tablesample(bucket 1 out of 4 on id);

技能点四 基本语法

1.HiveQL

HiveQL 是 Hive 的查询语言,与 SQL 语言比较类似,对 Hive 的操作都是通过编写 HiveQL 语句来实现的。下面对 Hive 中常用的几个基本操作进行讲解,语法命令如表 4-8 至表 4-13 所示。

(1) Create:创建数据库、表、视图,见表 4-8。

表 4-8 创建数据库、表、视图

语法指令	指令详解
hive> create database test;	创建数据库 test
hive> create database if not exists test;	创建数据库 test,因为 test 已经存在,所以会抛出异常,加上 if not exists 关键字,则不会抛出异常
hive> use test; hive>create table if not exists usr(id bigint,name string,age int);	在 test 数据库中,创建表 usr,含三个属性 id,name,age
hive>create table if not exists test.usr(id bigint,name string,age int) >location '/usr/local/Hive/warehouse/test/usr';	在 test 数据库中,创建表 usr,含三个属性 id,name,age,存储路径为"/usr/local/Hive/warehouse/test/usr"
hive>create external table if not exists test.usr(id bigint,name string,age int) >row format delimited fields terminated by ',' Location '/usr/local/data';	在 test 数据库中,创建外部表 usr,含三个属性 id,name,age 可以读取路径"usr/local/data"下以","分隔的数据
hive>create table test.usr(id bigint,name string,age int) partition by(sex boolean);	在 test 数据库中,创建分区表 usr,含三个属性 id,name,age,还存在分区字段 sex
hive> use test; hive>create table if not exists usr1 like usr;	在数据库 test 中,创建分区表 usr1,通过复制表 usr 得到
hive>create view little_usr as select id,age from usr;	创建视图 little_usr,只包含 usr 表中的 id,age 属性

(2) Drop:删除数据库、表、视图,见表 4-9。

表 4-9 删除数据库、表、视图

语法指令	指令详解
hive> drop database test;	删除数据库 test,如果不存在会出现警告

语法指令	指令详解
hive>drop database if not exists test;	删除数据库 test，因为有 if not exists 关键字，即使不存在也不会抛出异常
hive> drop database if not exists test cascade;	删除数据库 test，加上 cascade 关键字，可以删除当前数据库和该数据库中的表
hive> drop table if exists usr;	删除表 usr，如果是内部表，元数据和实际数据都会被删除；如果是外部表，只删除元数据，不删除实际数据
hive>drop view if exists little_usr;	删除视图 little_usr

（3）Alter：修改数据库、表、视图，见表 4-10。

表 4-10　修改数据库、表、视图

语法指令	指令详解
hive> alter database test set dbproperties('edited-by'='lily');	为 test 数据库设置 dbproperties 键值对属性值来描述数据库属性信息
hive> alter table usr rename to user;	重命名表 usr 为 user
hive> alter table usr add if not exists partition(age=10); hive> alter table usr add if not exists partition(age=20);	为表 usr 增加新分区，分别为 age=10 和 age=20
hive> alter table usr drop if exists partition(age=10);	删除表 usr 中的分区
hive>alter table usr change name username string after age;	把表 usr 中的列名 name 修改为 username，并把该列至于 age 列后
hive>alter table usr add columns(sex boolean);	在对表 usr 分区字段之前，增加一个新列 sex
hive>alter table usr replace columns(newid bigint,newname string,newage int);	删除表 usr 中所有字段并重新指定新字段 newid，newname，newage
hive> alter table usr set tabproperties('notes'='the columns in usr may be null except id');	为 usr 表设置 tabproperties 键值对属性值来描述表的属性信息
hive> alter view little_usr set tabproperties('create_at'='refer to timestamp');	修改 little_usr 视图元数据中的 tabpropertise 属性信息

（4）Show：查看数据库、表、视图，见表 4-11。

表 4-11　查看数据库、表、视图

语法指令	指令详情
hive> show databases;	查看 Hive 中包含的所有数据库
hive> show databases like 'h.*';	查看 Hive 中以 h 开头的所有数据库

语法指令	指令详情
hive> use test; hive> show tables;	查看数据库 test 中所有的表和视图
hive> show tables in hive like'u.*';	查看数据库 test 中以 u 开头的所有表和视图

（5）Describe：描述数据库、表、视图，见表 4-12。

表 4-12　描述数据库、表、视图

语法指令	指令详情
hive> describe database test;	查看数据库 test 的基本信息，包含数据库中文件的位置信息等
hive> describe database extended test;	查看数据库 test 的详细信息，包括数据库的基本信息及属性信息等
hive> describe test.usr; hive> describe test.little_usr;	查看表 usr 和视图 little_usr 的基本信息，包括列信息等
hive> describe extended test.usr; hive> describe extended test.little_usr;	查看表 usr 和视图 little_usr 的详细信息，包括列信息、位置信息、属性信息等
hive> describe extended test.usr.id;	查看表 usr 中列 id 的信息

（6）Load/Select：向表中装载数据或导出数据，见表 4-13。

表 4-13　数据的加载与下载

语法指令	指令详情
hive> load data local inpath '/usr/local/data' overwrite into table usr;	把目录"/usr/local/data"下的数据文件中的数据装载进 usr 表并覆盖原有数据
hive> load data local inpath '/usr/local/data' into table usr;	把目录"/usr/local/data"下的数据文件中的数据装载进 usr 表中，但不覆盖原来的数据
hive> load data inpath 'hdfs://test/input' overwrite into table usr;	把分布式文件系统目录中的"hdfs://test/input"下的数据文件装载进 usr 表并覆盖原有数据
hive> insert overwrite table usr1 > select * from usr where age=10;	向表 usr1 中插入来自 usr 表的数据并覆盖原有的数据
hive> insert into table usr1 > select * from usr where age=10;	向表 usr1 中插入来自 usr 表的数据并追加在原有数据后

2.HiveQL 与 SQL

由于 Hive 采用了类似 SQL 的查询语言 HiveQL，因此很容易将 Hive 理解为数据库。表 4-14 从多个方面阐述了 Hive 和数据库的差异。数据库可以用在 Online 的应用中，但是 Hive 只是数据仓库工具，清楚这一点有助于从应用角度理解 Hive 的特性。

表 4-14　HiveQL 与 SQL 的对比

查询语言	HiveQL	SQL	对比
数据存储位置	HDFS	Raw Device 或本地 FS	Hive 是建立在 Hadoop 之上的,所有 Hive 的数据都是存储在 HDFS 中;而数据库则可以将数据保存在块设备或者本地文件系统中
数据格式	用户定义	系统决定	Hive 中没有定义专门的数据格式,数据格式可以由用户指定;而在数据库中,不同的数据库有不同的存储引擎,可定义自己的数据格式
数据更新	不支持	支持	Hive 中不支持对数据的改写和添加,所有的数据都是在加载的时候确定好的;而数据库中的数据通常是需要经常进行修改的
索引	新版本有但弱	有	Hive 在加载数据的过程中不会对数据进行任何处理,甚至不会对数据进行扫描,因此也没有对数据中的某些 Key 建立索引;而数据库中通常会针对一个或者几个列建立索引
执行	MapReduce	Executor	Hive 中大多数查询的执行是通过 Hadoop 提供的 MapReduce 来实现的;而数据库通常有自己的执行引擎
执行延迟	高	低	Hive 在查询数据的时候由于没有索引,需要扫描整个表,因此延迟较高
可扩展性	高	低	Hive 是建立在 Hadoop 之上的,因此 Hive 的可扩展性和 Hadoop 的可扩展性是一致的;而数据库由于 ACID 语义的严格限制,扩展性非常有限
数据规模	大	小	由于 Hive 建立在 Hadoop 集群上,并可以利用 MapReduce 进行并行计算,因此可以支持很大规模的数据;对应的数据库可以支持的数据规模较小

3.HiveQL 转换为 MR 过程

当 Hive 接收到一条 HiveQL 语句后,需要与 Hadoop 交互工作来完成该操作。交互过程分三步进行:① HiveQL 进入驱动模块,由驱动模块中的编译器解析编译;②优化器对该操作进行优化计算;③交给执行器去执行。执行器通常启动一个或多个 MapReduce 任务,有时也不启动(如 SELECT * FROM t1 执行全表扫描,并不存在投影和选择操作)。HiveQL 转换为 MR 作业的具体过程如图 4-5 所示。

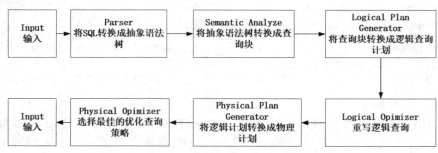

图 4-5　HiveQL 转换为 MR 作业过程

Hive 把 HiveQL 语句转化成 MapReduce 任务执行的详细过程如下。

（1）驱动模块中的编译器语言识别工具对用户输入的 SQL 语句进行词法和语法解析，将 HiveQL 语句转换成抽象语法树的形式。

（2）因为语法树结构复杂，不方便直接翻译成 MR 算法程序，故先转化成查询单元，遍历抽象语法树。QueryBlock 是一条最基本的 SQL 语法组成单元，包括输入源、计算过程、输入三个部分。

（3）遍历 QueryBlock，生成 OperatorTree（操作树）。OperatorTree 由很多逻辑操作符组成，如 TableScanOperator、FilterOperator、GroupByOperator、SelectOperator、JoinOperator 和 ReduceSinkOperator 等。这些逻辑操作符可在 MapReduce 阶段完成某一特定操作。

（4）Hive 驱动模块中的逻辑优化器对 OperatorTree 进行优化，变换 OperatorTree 的形式，合并多余的操作符，减少 MR 任务数以及 Shuffle 阶段的数据量；遍历优化后的 OperatorTree，根据它的逻辑操作符生成需要执行的 MR 任务；启动 Hive 驱动模块中的物理优化器，对生成的 MR 任务进行优化，生成最终的 MR 任务执行计划。

（5）最后由 Hive 驱动模块中的执行器对最终的 MR 任务执行输出。

Hive 驱动模块中的执行器执行最终的 MR 任务时，通过一个表示"Job 执行计划"的 XML 文件来驱动内置原生的 Mapper 和 Reducer 模块，Hive 本身不会生成 MR 算法程序，不需直接部署在 JobTracker 所在管理节点上执行，通过和 JobTracker 通信来初始化 MR 任务。通常在大型集群中，会有特定计算机来部署 Hive 工具，这些计算机的作用主要是远程操作和通过管理节点上的 JobTracker 通信执行任务。Hive 要处理的数据文件存储在 HDFS 上。

4. Hive HA 基本原理

Hive 的功能十分强大，可以支持采用 SQL 方式查询 Hadoop 平台上的数据，但是在实际应用中，Hive 也暴露出不太稳定的问题，在极少数情况下甚至会出现端口不响应或者进程丢失的问题。Hive HA 的出现解决这类问题。

如图 4-6 所示，由多个 Hive 实例进行管理的数据仓库，Hive 实例被纳入到一个资源池中，并由 HAProxy 提供一个统一的对外接口。客户端对本次查询请求首先访问 HAProxy，由 HAProxy 对访问请求进行一次转发。HAProxy 收到请求后，会轮询资源池里可用的 Hive 实例，执行逻辑可用性测试，如果某个 Hive 实例逻辑可用，就会把客户端的访问请求转发到该 Hive 实例上；如果该 Hive 实例逻辑不可用，就把它放入黑名单，并继续从资源池中取出下一个 Hive 实例进行逻辑可用性测试。对于黑名单中的 Hive 实例，Hive HA 会每隔一段时间进行统一处理，尝试重新启动该 Hive 实例，如果重新启动成功，就再次把它放入到资源池中。由于采用 HAProxy 提供的统一对外访问接口，因此对于程序开发人员来说，它是一台加强版的"Hive"。

5. 技能实施一：HiveQL 数据库和表的基本操作

1）实验目标

掌握 HiveQL 的基本操作命令，具有对数据库和表进行简单操作的能力。

2）实验要求

独立搭建 Hadoop 的 HDFS 和 Hive 环境，掌握一定的 Hadoop 操作基础以及 Linux 指令，对传统数据库有一定的了解。

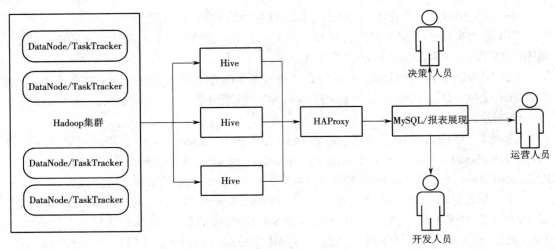

图 4-6　Hive HA 原理

3）实验步骤
（1）启动 Hadoop 的所有进程。
（2）启动 Hive 进程，进入 Hive 环境。
（3）创建一个名为 test 的数据库。
（4）查看数据库是否创建成功。
（5）查看指定数据库，如查看以"t"开头的数据库。
（6）查看数据库具体信息。
（7）创建一个指定目录位置的数据库。
（8）创建数据库时为数据库增加属性信息，可以使用 with dbproperties 参数。
（9）查询数据库扩展信息。
（10）修改已经存在的数据库中的属性信息。
（11）创建一个简单表 work1。
（12）通过存在的表创建一个新的表。
（13）查看默认数据库下所有的表。
（14）查看默认数据库下指定的表。
（15）查看表的详细信息。
（16）查看一个表的某一列的信息。
（17）删除一个已经存在的表。
（18）重命名一个已经存在的表。
（19）修改一个表的某一列的信息。
（20）在一个表中增加一列。
（21）替换某个表中的列。
（22）修改表属性。

4）参考流程
详细流程参考示例代码 CORE0401 所示。

步骤	示例代码 CORE0401 HiveQL 基本操作命令
1	[root@master ~]# start-all.sh
2	[root@master ~]# hive
3	hive> create database test; hive> create database if not exists test;
4	hive > show databases;
5	hive > show databases like 't.*';
6	hive > describe database test;
7	hive > create database test1 location '/user/Hive/warehouse/test'; hive > describe database test1;
8	hive > create database test3 with dbproperties('create'='hello','data'='2017-11-22');
9	hive > describe database extended test3;
10	hive > alter database test1 set dbproperties('edited'='hello'); hive > describe database extended test1;
11	hive > create table work1(name string, salary float, subordinates array<string>, deductions map<string,float>, address struct<street:string,city:string,stata:string,zip:int>);
12	hive > create table if not exists work like work1;
13	hive > show tables;
14	hive > show tables 'wo.*';
15	hive > describe extended work;
16	hive > describe extended work.name;
17	hive > drop table work;
18	hive > alter table work1 rename to work11; hive > show tables; hive > create table mywork(key int,value string) comment 'hw'; hive > describe mywork;
19	hive > alter table mywork change column key key_1 int comment 'h' after value;
20	hive > alter table mywork add columns(value1 string,value2 string); hive > describe mywork;
21	hive > alter table mywork replace columns(value1 string,value11 string);
22	hive > alter table mywork set tblproperties('value1'='hello');

示例代码运行结果如图 4-7 所示。

```
[root@master ~]# hive
Logging initialized using configuration in jar:file:/usr/local/hive/lib/hive-common-1.2.2.jar!/hive-log4j.properties
hive> create database test;
OK
Time taken: 1.529 seconds
hive> create database if not exists test;
OK
Time taken: 0.065 seconds
hive> show databases;
OK
default
test
Time taken: 0.374 seconds, Fetched: 2 row(s)
hive> show databases like 't.*';
OK
test
Time taken: 0.03 seconds, Fetched: 1 row(s)
hive> describe database test;
OK
test        hdfs://bdcluster/usr/hive/warehouse/test.db    root   USER
Time taken: 0.022 seconds, Fetched: 1 row(s)
hive> create database test1 location '/user/Hive/warehouse/test';
OK
Time taken: 0.069 seconds
hive> describe database test1;
OK
test1       hdfs://bdcluster/user/hive/warehouse/test     root   USER
Time taken: 0.023 seconds, Fetched: 1 row(s)
hive> create database test3 with dbproperties('create'='hello','data'='2017-11-22');
OK
Time taken: 0.118 seconds
hive>  describe database extended test3;
OK
test3       hdfs://bdcluster/usr/hive/warehouse/test3.db    root   USER     {data=2017-11-22, create=hello}
Time taken: 0.025 seconds, Fetched: 1 row(s)
hive> alter database test1 set dbproperties('edited'='hello');
OK
Time taken: 0.159 seconds
hive> describe database extended test1;
OK
test1       hdfs://bdcluster/user/Hive/warehouse/test     root   USER     {edited=hello}
Time taken: 0.026 seconds, Fetched: 1 row(s)
hive> create table work1(
    > name string,
    > salary float,
```

```
          > subordinates array<string>,
          > deductions map<string,float>,
          > address struct<street:string,city:string,stata:string,zip:int>);
OK
Time taken: 0.278 seconds
hive> create table if not exists work like work1;
OK
Time taken: 0.163 seconds
hive> show tables;
OK
work
work1
Time taken: 0.053 seconds, Fetched: 2 row(s)
hive> show tables 'wo.*';
OK
work
work1
Time taken: 0.038 seconds, Fetched: 2 row(s)
hive> describe extended work;
OK
name                    string
salary                  float
subordinates            array<string>
deductions              map<string,float>
address                 struct<street:string,city:string,stata:string,zip:int>
............
Time taken: 0.152 seconds, Fetched: 7 row(s)
hive> describe extended work.name;
OK
name                    string                      from deserializer
Time taken: 0.13 seconds, Fetched: 1 row(s)
hive> drop table work;
OK
Time taken: 0.758 seconds
hive> alter table work1 rename to work11;
OK
Time taken: 0.211 seconds
hive>  show tables;
OK
work11
Time taken: 0.026 seconds, Fetched: 1 row(s)
hive> create table mywork(key int,value string) comment 'hw';
OK
Time taken: 0.109 seconds
hive>  describe mywork;
OK
key                     int
value                   string
Time taken: 0.125 seconds, Fetched: 2 row(s)
hive> alter table mywork change column key key_1 int comment 'h' after value;
```

```
OK
Time taken: 0.244 seconds
hive> alter table mywork add columns(value1 string,value2 string);
OK
Time taken: 0.128 seconds
hive> describe mywork;
OK
value                   string
key_1                   int                     h
value1                  string
value2                  string
Time taken: 0.077 seconds, Fetched: 4 row(s)
hive> alter table mywork replace columns(value1 string,value11 string);
OK
Time taken: 0.108 seconds
hive> alter table mywork set tblproperties('value1'='hello');
OK
Time taken: 0.126 seconds
```

图 4-7　HiveQL 基本命令结果

6. 技能实施二：Hive 数据预处理

1）实验目标

掌握 Hive 的基本操作命令及简单数据处理的基本方法，具有对日常的一些数据进行预处理的能力。

2）实验要求

独立搭建 Hadoop 分布式文件系统，掌握一定的 Hadoop 操作基础以及 Linux 指令。对数据库有一定了解。

3）实验步骤

（1）启动 Hadoop 所有进程。

（2）进入本机 /usr/local/ 目录下，创建一个 bigdata 目录。

（3）对 bigdata 目录赋予一个高级权限，以方便进行各种操作。

（4）进入 bigdata 目录创建一个 dataset 目录。

（5）上传资料包"08 课件工具"→"04 数据仓库工具（Hive）"→"01 文件包"中 user.zip 文件夹至 /usr/local 目录下。

（6）进入 /usr/local/ 解压目录中的 user.zip 文件到 dataset 目录下。

（7）进入 /usr/local/bigdata/dataset/ 目录下进行查看该文件。

（8）执行命令查看前 5 条信息。

（9）由于两个文件的第一行都是字段名称，删除第一行信息。

（10）再次查看文件信息，查看第一行是否已经删除。

（11）对字段进行预处理，新建一个脚本，对脚本进行编译（脚本和要处理的文件放到一个目录下）。

（12）执行脚本对 small_user.csv 文件进行预处理。

（13）查看处理后的文件（文件较大只查看前 10 行数据即可）。

（14）在 HDFS 上创建一个以 /bigdata/dataset 命名的文件夹。

（15）将系统中的 user_table.txt 文件上传到 HDFS 的 /bigdata/dataset 目录下。
（16）查看 HDFS 下 user_table.txt 的前 10 条记录。
（17）进入 Hive 环境，创建一个 dblab 的数据库。
（18）在 dblab 的数据库中创建一个外部表 bigdata_user，它包含字段（id, uid, item_id, behavior_type, item_category, date, province），并将 HDFS 上的数据加载到数据仓库 Hive 中。
（19）查看建立表的各种属性。
（20）查看表的简单结构。
（21）查看前 10 位用户对商品的行为。
（22）查询前 20 位用户购买商品的时间和商品的种类。
参考流程：详细流程参考示例代码 CORE0402 所示。

步骤	示例代码 CORE0402 Hive 数据分析
1	[root@master ~]# start-all.sh
2	[root@master ~]# cd /usr/local/
	[root@master local]# mkdir bigdata
3	[root@master local]# chmod 777 bigdata/
4	[root@master local]# cd ./bigdata/
	[root@master bigdata]# mkdir dataset
	[root@master bigdata]# cd /usr/local/
6	[root@master local]# unzip user.zip -d /usr/local/bigdata/dataset
7	[root@master local]# ls
8	[root@master dataset]# head -5 raw_user.csv
9	[root@master dataset]# sed -i '1d' raw_user.csv
10	[root@master dataset]# sed -i '1d' small_user.csv
11	[root@master dataset]# vim pre_deal.sh

	#!/bin/bash
	# 下面设置输入文件，把用户执行 pre_deal.sh 命令时提供的第一个参数作为输入文
	# 件名称
	infile=$1
	# 下面设置输出文件，把用户执行 pre_deal.sh 命令时提供的第二个参数作为输出文
	# 件名称
	outfile=$2
	# 注意！！ 最后的 $infile > $outfile 必须跟在 }' 这两个字符的后面
	awk -F "," 'BEGIN{
	    srand();
	    id=0;

```
            Province[0]=" 山东 ";Province[1]=" 山西 ";Province[2]=" 河南 ";Province[3]=" 河
北 ";Province[4]=" 陕西 ";Province[5]=" 内蒙古 ";Province[6]=" 上海市 ";
            Province[7]=" 北京市 ";Province[8]=" 重庆市 ";Province[9]=" 天津市 ";
Province[10]=" 福建 ";Province[11]=" 广东 ";Province[12]=" 广西 ";Province[13]=" 云南 ";
            Province[14]=" 浙江 ";Province[15]=" 贵州 ";Province[16]=" 新疆 "; Province
[17]=" 西藏 ";Province[18]=" 江西 ";Province[19]=" 湖南 ";Province[20]=" 湖北 ";
            Province[21]=" 黑龙江 ";Province[22]=" 吉林 ";Province[23]=" 辽宁 "; Province[24]="
江苏 ";Province[25]=" 甘肃 ";Province[26]=" 青海 ";Province[27]=" 四川 ";
            Province[28]=" 安徽 "; Province[29]=" 宁夏 ";Province[30]=" 海南 ";Province[31]="
香港 ";Province[32]=" 澳门 ";Province[33]=" 台湾 ";
        }
        {
            id=id+1;
            value=int(rand()*34);
            print id"\t"$1"\t"$2"\t"$3"\t"$5"\t"substr($6,1,10)"\t"Province[value]
        }' $infile > $outfile
```

12 [root@master dataset]# bash ./pre_deal.sh small_user.csv user_table.txt
13 [root@master dataset]# head -10 user_table.txt
14 [root@master ~]# hdfs dfs -mkdir -p /bigdata/dataset
15 [root@master ~]# hdfs dfs -put /usr/local/bigdata/dataset/user_table.txt /bigdata/dataset
16 [root@master ~]# hdfs dfs -cat /bigdata/dataset/user_table.txt | head -10
17 [root@master ~]# hive
   hive> create database dblab;
   hive> use dblab;
18 hive> CREATE EXTERNAL TABLE dblab.bigdata_user(id INT,uid STRING,item_id STRING,behavior_type INT,item_category STRING,visit_date DATE,province STRING) COMMENT 'Welcome to xmu dblab!' ROW FORMAT DELIMITED FIELDS TERMINATED BY '\t' STORED AS TEXTFILE LOCATION '/bigdata/dataset';
19 hive> show create table bigdata_user;
20 hive> desc bigdata_user;
21 hive> select behavior_type from bigdata_user limit 10;
22 hive> select visit_date,item_category from bigdata_user limit 20;

示例代码运行结果如图 4-8 所示。

```
[root@master ~]# cd /usr/local/
[root@master local]# mkdir bigdata
[root@master local]# chmod 777 bigdata/
[root@master local]# cd ./bigdata/
[root@master bigdata]# mkdir dataset
[root@master bigdata]# cd /usr/local/
[root@master local]# unzip user.zip -d /usr/local/bigdata/dataset
Archive:  user.zip
   inflating: /usr/local/bigdata/dataset/raw_user.csv
   inflating: /usr/local/bigdata/dataset/small_user.csv
[root@master local]# ls
apache-flume-1.7.0-bin.tar.gz
apache-hive-1.2.2-bin.tar.gz
apache-storm-1.1.0.tar.gz
bigdata
bin
etc
flume
games
hadoop
hadoop-2.7.2.tar.gz
hbase
hbase-1.2.6-bin.tar.gz
hive
hive-hwi-1.2.2.rar
include
jdk-8u144-linux-x64.rpm
kafka
kafka_2.11-0.11.0.1.tgz
lib
lib64
libexec
mysql-connector-java-5.1.39.jar
sbin
scala
scala-2.11.4.tgz
share
spark
spark-2.2.0-bin-hadoop2.7.tgz
sqoop
sqoop-1.4.6.bin_hadoop-2.0.4-alpha.tar.gz
src
storm
user.zip
zookeeper
zookeeper-3.4.6.tar.gz
zookeeper.out
[root@master local]# cd /usr/local/bigdata/dataset/
[root@master dataset]# head -5 raw_user.csv
user_id,item_id,behavior_type,user_geohash,item_category,time
10001082,285259775,1,97lk14c,4076,2014-12-08 18
```

```
10001082,4368907,1,,5503,2014-12-12 12
10001082,4368907,1,,5503,2014-12-12 12
10001082,53616768,1,,9762,2014-12-02 15
[root@master dataset]# sed -i '1d' raw_user.csv
[root@master dataset]# sed -i '1d' small_user.csv
[root@master dataset]# vim pre_deal.sh
#!/bin/bash
# 下面设置输入文件,把用户执行 pre_deal.sh 命令时提供的第一个参数作为输入文件名称
infile=$1
# 下面设置输出文件,把用户执行 pre_deal.sh 命令时提供的第二个参数作为输出文件名称
outfile=$2
# 注意!! 最后的 $infile > $outfile 必须跟在 }' 这两个字符的后面
awk -F "," 'BEGIN{
        srand();
        id=0;
        Province[0]=" 山东 ";Province[1]=" 山西 ";Province[2]=" 河南 ";Province[3]=" 河北 ";Province[4]=" 陕西 ";Province[5]=" 内蒙古 ";Province[6]=" 上海市 ";
        Province[7]=" 北京市 ";Province[8]=" 重庆市 ";Province[9]=" 天津市 ";Province[10]=" 福建 ";Province[11]=" 广东 ";Province[12]=" 广西 ";Province[13]=" 云南 ";
        Province[14]=" 浙江 ";Province[15]=" 贵州 ";Province[16]=" 新疆 ";Province[17]=" 西藏 ";Province[18]=" 江西 ";Province[19]=" 湖南 ";Province[20]=" 湖北 ";
        Province[21]=" 黑龙江 ";Province[22]=" 吉林 ";Province[23]=" 辽宁 "; Province[24]=" 江苏 ";Province[25]=" 甘肃 ";Province[26]=" 青海 ";Province[27]=" 四川 ";
        Province[28]=" 安徽 "; Province[29]=" 宁夏 ";Province[30]=" 海南 ";Province[31]=" 香港 ";Province[32]=" 澳门 ";Province[33]=" 台湾 ";
    }
    {
        id=id+1;
        value=int(rand()*34);
        print id"\t"$1"\t"$2"\t"$3"\t"$5"\t"substr($6,1,10)"\t"Province[value]
    }' $infile > $outfile
[roat@master dataset]# bash /pre_dealosh small_vser.csv vser_table txt
[root@master dataset]#  head -10 user_table.txt
1       10001082285259775       1       4076    2014-12-08      ??
2       100010824368907 1       5503    2014-12-12      ???
3       100010824368907 1       5503    2014-12-12      ???
4       10001082536167681       9762    2014-12-02      ??
5       10001082151466952       1       5232    2014-12-12      ??
6       10001082536167684       9762    2014-12-02      ???
7       10001082290088061       1       5503    2014-12-12      ??
8       10001082298397524       1       10894   2014-12-12      ???
9       10001082321042521       6513    2014-12-12      ??
10      10001082323339743       1       10894   2014-12-12      ??
[root@master ~]# hdfs dfs -mkdir -p /bigdata/dataset
[root@master ~]# hdfs dfs -put /usr/local/bigdata/dataset/user_table.txt /bigdata/dataset
[root@master ~]# hdfs dfs -cat /bigdata/dataset/user_table.txt | head -10
1       10001082        285259775       1       4076    2014-12-08      ??
2       10001082        4368907 1       5503    2014-12-12      ???
3       10001082        4368907 1       5503    2014-12-12      ???
4       10001082        53616768        1       9762    2014-12-02      ??
5       10001082        151466952       1       5232    2014-12-12      ??
```

6	10001082	53616768	4	9762	2014-12-02	???
7	10001082	290088061	1	5503	2014-12-12	??
8	10001082	298397524	1	10894	2014-12-12	???
9	10001082	32104252	1	6513	2014-12-12	??
10	10001082	323339743	1	10894	2014-12-12	??

cat: Unable to write to output stream.
[root@master ~]# hive
Logging initialized using configuration in jar:file:/usr/local/hive/lib/hive-common-1.2.2.jar!/hive-log4j.properties
hive> create database dblab;
OK
Time taken: 1.375 seconds
hive> use dblab;
OK
Time taken: 0.033 seconds
hive> CREATE EXTERNAL TABLE dblab.bigdata_user(id INT,uid STRING,item_id STRING,behavior_type INT,item_category STRING,visit_date DATE,province STRING) COMMENT 'Welcome to xmu dblab!' ROW FORMAT DELIMITED FIELDS TERMINATED BY '\t' STORED AS TEXTFILE LOCATION '/bigdata/dataset';
OK
Time taken: 0.412 seconds
hive> show create table bigdata_user;
OK
CREATE EXTERNAL TABLE 'bigdata_user'(
　　'id' int,
　　'uid' string,
　　'item_id' string,
　　'behavior_type' int,
　　'item_category' string,
　　'visit_date' date,
　　'province' string)
COMMENT 'Welcome to xmu dblab!'
ROW FORMAT DELIMITED
　　FIELDS TERMINATED BY '\t'
STORED AS INPUTFORMAT
　　'org.apache.hadoop.mapred.TextInputFormat'
OUTPUTFORMAT
　　'org.apache.hadoop.hive.ql.io.HiveIgnoreKeyTextOutputFormat'
LOCATION
　　'hdfs://bdcluster/bigdata/dataset'
TBLPROPERTIES (
　　'COLUMN_STATS_ACCURATE'='false',
　　'numFiles'='0',
　　'numRows'='-1',
　　'rawDataSize'='-1',
　　'totalSize'='0',
　　'transient_lastDdlTime'='1521422956')
Time taken: 0.433 seconds, Fetched: 24 row(s)
hive> desc bigdata_user;
OK
id　　　　　　　int
uid　　　　　　string

```
item_id              string
behavior_type        int
item_category        string
visit_date           date
province             string
Time taken: 0.15 seconds, Fetched: 7 row(s)
hive> select behavior_type from bigdata_user limit 10;
OK
1
1
1
1
1
4
1
1
1
1
Time taken: 0.518 seconds, Fetched: 10 row(s)
hive> select visit_date,item_category from bigdata_user limit 20;
OK
2014-12-08    4076
2014-12-12    5503
2014-12-12    5503
2014-12-02    9762
2014-12-12    5232
2014-12-02    9762
2014-12-12    5503
2014-12-12    10894
2014-12-12    6513
2014-12-12    10894
2014-12-12    2825
2014-11-28    2825
2014-12-15    3200
2014-12-03    10576
2014-11-20    10576
2014-12-13    10576
2014-12-08    10576
2014-12-14    7079
2014-12-02    6669
2014-12-12    5232
Time taken: 0.156 seconds, Fetched: 20 row(s)
```

图 4-8 Hive 数据分析结果

在项目三任务实施元数据清洗完成的基础上，使用 Hive 分别统计页面浏览量、用户注册数、独立 IP 数和跳出用户数等数据信息，并汇总至一张数据表中，完成 Persona 项目数据

汇总。

第一步：将清洗后的数据存入 Hive 中，进入 Hive 模式并建立分区表 statistics_db，如示例代码 CORE0403 所示，结果如图 4-9 所示。

示例代码 CORE0403 建立分区表

[root@master ~]# hive
hive>CREATE EXTERNAL TABLE statistics_db(atime string,ip string,url string) PARTITIONED BY (logdate string) ROW FORMAT DELIMITED FIELDS TERMINATED BY '\t' LOCATION '/acelog/output';

[root@master ~]# hive
SLF4J: Class path contains multiple SLF4J bindings.
SLF4J: Found binding in [jar:file:/usr/local/hive/lib/log4j-slf4j-impl-2.6.2.jar!/org/slf4j/impl/StaticLoggerBinder.class]
SLF4J: Found binding in [jar:file:/usr/local/hadoop/share/hadoop/common/lib/slf4j-log4j12-1.7.10.jar!/org/slf4j/impl/StaticLoggerBinder.class]
SLF4J: See http://www.slf4j.org/codes.html#multiple_bindings for an explanation.
SLF4J: Actual binding is of type [org.apache.logging.slf4j.Log4jLoggerFactory]

Logging initialized using configuration in file:/usr/local/hive/conf/hive-log4j2.properties Async: true
Hive-on-MR is deprecated in Hive 2 and may not be available in the future versions. Consider using a different execution engine (i.e. spark, tez) or using Hive 1.X releases.
hive> CREATE EXTERNAL TABLE statistics_db(atime string,ip string,url string) PARTITIONED BY (logdate string) ROW FORMAT DELIMITED FIELDS TERMINATED BY '\t' LOCATION '/acelog/output';
OK
Time taken: 1.147 seconds

图 4-9 建立分区表

第二步：设置 2018_05_01 为分区时间，如示例代码 CORE0404 所示。

示例代码 CORE0404 增加分区时间

hive> ALTER TABLE statistics_db ADD PARTITION(logdate='2018_05_01') LOCATION '/acelog/output/';
OK
Time taken: 0.384 seconds

第三步：统计页面浏览量，页面浏览量即为 PV(Page View)，是指所有用户浏览次数的总和，一个独立用户每打开一个页面就被记录 1 次。因此，只需统计日志中的记录个数即可获取页面浏览量，如示例代码 CORE0405 所示，结果如图 4-10 所示。

示例代码 CORE0405 统计页面浏览量

hive> CREATE TABLE statistics_db_pv_2018_05_01 AS SELECT COUNT(1) AS PV FROM statistics_db WHERE logdate='2018_05_01';

```
hive> CREATE TABLE statistics_db_pv_2018_05_01 AS SELECT COUNT(1) AS PV FROM statistics_db
WHERE logdate='2018_05_01';
Query ID = root_20180317085656_0a75af18-939d-4c07-a168-2982be1e0a4e
Total jobs = 1
Launching Job 1 out of 1
Number of reduce tasks determined at compile time: 1
In order to change the average load for a reducer (in bytes):
    set hive.exec.reducers.bytes.per.reducer=<number>
In order to limit the maximum number of reducers:
    set hive.exec.reducers.max=<number>
In order to set a constant number of reducers:
    set mapreduce.job.reduces=<number>
Starting Job = job_1521286418437_0001, Tracking URL = http://master:8088/proxy/application_15212864184
37_0001/
Kill Command = /usr/local/hadoop/bin/hadoop job  -kill job_1521286418437_0001
Hadoop job information for Stage-1: number of mappers: 1; number of reducers: 1
2018-03-17 08:57:54,827 Stage-1 map = 0%,  reduce = 0%
2018-03-17 08:58:32,555 Stage-1 map = 100%,  reduce = 0%, Cumulative CPU 1.94 sec
2018-03-17 08:58:48,231 Stage-1 map = 100%,  reduce = 100%, Cumulative CPU 3.44 sec
MapReduce Total cumulative CPU time: 3 seconds 440 msec
Ended Job = job_1521286418437_0001
Moving data to: hdfs://bdcluster/usr/hive/warehouse/statistics_db_pv_2018_05_01
Table default.statistics_db_pv_2018_05_01 stats: [numFiles=1, numRows=1, totalSize=2, rawDataSize=1]
MapReduce Jobs Launched:
Stage-Stage-1: Map: 1  Reduce: 1   Cumulative CPU: 3.44 sec   HDFS Read: 7078 HDFS Write: 93 SUCCESS
Total MapReduce CPU Time Spent: 3 seconds 440 msec
OK
Time taken: 114.516 seconds
```

图 4-10　统计页面浏览量

第四步：统计执行完成后，可以通过查询语句查看页面浏览量，如示例代码 CORE0406 所示。

示例代码 CORE0406　查看统计页面浏览量结果

```
hive> select * from statistics_db_pv_2018_05_01;
OK
1331557
Time taken: 0.448 seconds, Fetched: 1 row(s)
```

第五步：统计注册用户数，该网站的用户注册页面标签为 action.do，用户点击注册时请求为 action.do?mod=register，可对该请求链接进行统计求和，如示例代码 CORE0407 所示，结果如图 4-11 所示。

示例代码 CORE0407　统计注册用户数

```
hive> CREATE TABLE statistics_db_reguser_2018_05_01 AS SELECT COUNT(1) AS
REGUSER FROM statistics_db WHERE logdate='2018_05_01' AND INSTR (url,'action.do?
mod=register')>0;
```

```
hive> CREATE TABLE statistics_db_reguser_2018_05_01 AS SELECT COUNT(1) AS REGUSER FROM
statistics_db WHERE logdate='2018_05_01' AND INSTR (url,' action.do?mod=register ')>0;
Query ID = root_20180317090045_f5c0c10d-205a-4ae4-8b2a-e5595bd6a27c
Total jobs = 1
Launching Job 1 out of 1
Number of reduce tasks determined at compile time: 1
In order to change the average load for a reducer (in bytes):
    set hive.exec.reducers.bytes.per.reducer=<number>
In order to limit the maximum number of reducers:
    set hive.exec.reducers.max=<number>
In order to set a constant number of reducers:
    set mapreduce.job.reduces=<number>
Starting Job = job_1521286418437_0002, Tracking URL = http://master:8088/proxy/application_1521286418437_0002/
Kill Command = /usr/local/hadoop/bin/hadoop job  -kill job_1521286418437_0002
Hadoop job information for Stage-1: number of mappers: 1; number of reducers: 1
2018-03-17 09:01:07,630 Stage-1 map = 0%, reduce = 0%
2018-03-17 09:01:37,660 Stage-1 map = 100%, reduce = 0%, Cumulative CPU 2.86 sec
2018-03-17 09:01:54,232 Stage-1 map = 100%, reduce = 100%, Cumulative CPU 5.09 sec
MapReduce Total cumulative CPU time: 5 seconds 90 msec
Ended Job = job_1521286418437_0002
Moving data to: hdfs://bdcluster/usr/hive/warehouse/statistics_db_reguser_2018_05_01
Table default.statistics_db_reguser_2018_05_01 stats: [numFiles=1, numRows=1, totalSize=2, rawDataSize=1]
MapReduce Jobs Launched:
Stage-Stage-1: Map: 1  Reduce: 1   Cumulative CPU: 5.09 sec   HDFS Read: 8052 HDFS Write: 98 SUCCESS
Total MapReduce CPU Time Spent: 5 seconds 90 msec
OK
Time taken: 71.554 seconds
```

图 4-11　统计注册用户数

第六步：统计独立 IP 数，即访问网站的独立 IP 个数的总和。其中，同一 IP 无论访问了几次，独立 IP 数均为 1。只需要统计日志中处理的独立 IP 总数，在 HiveQL 中使用 DISTINCT 关键字去重，如示例代码 CORE0408 所示，结果如图 4-12 所示。

示例代码 CORE0408 统计独立 IP 数

```
hive> CREATE TABLE statistics_db_ip_2018_05_01 AS SELECT COUNT(DISTINCT ip) AS IP FROM statistics_db WHERE logdate='2018_05_01';
```

```
hive> CREATE TABLE statistics_db_ip_2018_05_01 AS SELECT COUNT(DISTINCT ip) AS IP FROM statistics_db WHERE logdate='2018_05_01';
Query ID = root_20180317090311_6e8e885e-d309-4be1-9fb7-4b12445dd448
Total jobs = 1
Launching Job 1 out of 1
Number of reduce tasks determined at compile time: 1
In order to change the average load for a reducer (in bytes):
    set hive.exec.reducers.bytes.per.reducer=<number>
In order to limit the maximum number of reducers:
    set hive.exec.reducers.max=<number>
In order to set a constant number of reducers:
    set mapreduce.job.reduces=<number>
```

```
Starting Job = job_1521286418437_0003, Tracking URL = http://master:8088/proxy/application_1521286418437_0003/
Kill Command = /usr/local/hadoop/bin/hadoop job  -kill job_1521286418437_0003
Hadoop job information for Stage-1: number of mappers: 1; number of reducers: 1
2018-03-17 09:03:30,741 Stage-1 map = 0%,  reduce = 0%
2018-03-17 09:03:39,166 Stage-1 map = 100%,  reduce = 0%, Cumulative CPU 0.88 sec
2018-03-17 09:04:13,875 Stage-1 map = 100%,  reduce = 67%, Cumulative CPU 1.84 sec
2018-03-17 09:04:16,967 Stage-1 map = 100%,  reduce = 100%, Cumulative CPU 3.16 sec
MapReduce Total cumulative CPU time: 3 seconds 160 msec
Ended Job = job_1521286418437_0003
Moving data to: hdfs://bdcluster/usr/hive/warehouse/statistics_db_ip_2018_05_01
Table default.statistics_db_ip_2018_05_01 stats: [numFiles=1, numRows=1, totalSize=2, rawDataSize=1]
MapReduce Jobs Launched:
Stage-Stage-1: Map: 1  Reduce: 1   Cumulative CPU: 3.55 sec   HDFS Read: 7044 HDFS Write: 93 SUCCESS
Total MapReduce CPU Time Spent: 3 seconds 550 msec
OK
Time taken: 74.631 seconds
```

图 4-12　统计独立 IP 数

第七步：统计跳出用户数，即只浏览一次网站的访问次数总和。通过对用户 IP 进行分组，如果分组后的记录数只有一条，即为跳出用户。将这些用户的数量相加，就得出跳出用户数，如示例代码 CORE0409 所示，结果如图 4-13 所示。

示例代码 CORE0409 统计跳出用户数

```
hive> CREATE TABLE statistics_db_jumper_2018_05_01 AS SELECT COUNT(1) AS jumper FROM (SELECT COUNT(ip) AS times FROM statistics_db WHERE logdate='2018_05_01' GROUP BY ip HAVING times=1) CountIP;
```

```
hive> CREATE TABLE statistics_db_jumper_2018_05_01 AS SELECT COUNT(1) AS jumper FROM (SELECT COUNT(ip) AS times FROM statistics_db WHERE logdate='2018_05_01' GROUP BY ip HAVING times=1) CountIP;
Query ID = root_20180317090502_acb897af-5732-4f92-8d1a-b8f5921f2762
Total jobs = 2
Launching Job 1 out of 2
Number of reduce tasks not specified. Estimated from input data size: 1
In order to change the average load for a reducer (in bytes):
  set hive.exec.reducers.bytes.per.reducer=<number>
In order to limit the maximum number of reducers:
  set hive.exec.reducers.max=<number>
In order to set a constant number of reducers:
  set mapreduce.job.reduces=<number>
Starting Job = job_1521286418437_0004, Tracking URL = http://master:8088/proxy/application_1521286418437_0004/
Kill Command = /usr/local/hadoop/bin/hadoop job  -kill job_1521286418437_0004
Hadoop job information for Stage-1: number of mappers: 1; number of reducers: 1
2018-03-17 09:05:20,609 Stage-1 map = 0%,  reduce = 0%
2018-03-17 09:05:40,952 Stage-1 map = 100%,  reduce = 0%, Cumulative CPU 2.39 sec
2018-03-17 09:05:59,528 Stage-1 map = 100%,  reduce = 100%, Cumulative CPU 4.99 sec
MapReduce Total cumulative CPU time: 4 seconds 990 msec
Ended Job = job_1521286418437_0004
```

项目四　数据仓库工具（Hive）

```
Launching Job 2 out of 2
Number of reduce tasks determined at compile time: 1
In order to change the average load for a reducer (in bytes):
  set hive.exec.reducers.bytes.per.reducer=<number>
In order to limit the maximum number of reducers:
  set hive.exec.reducers.max=<number>
In order to set a constant number of reducers:
  set mapreduce.job.reduces=<number>
Starting Job = job_1521286418437_0005, Tracking URL = http://master:8088/proxy/application_1521286418437_0005/
Kill Command = /usr/local/hadoop/bin/hadoop job  -kill job_1521286418437_0005
Hadoop job information for Stage-2: number of mappers: 1; number of reducers: 1
2018-03-17 09:06:18,063 Stage-2 map = 0%,  reduce = 0%
2018-03-17 09:06:26,755 Stage-2 map = 100%,  reduce = 0%, Cumulative CPU 0.77 sec
2018-03-17 09:06:41,300 Stage-2 map = 100%,  reduce = 100%, Cumulative CPU 2.12 sec
MapReduce Total cumulative CPU time: 2 seconds 120 msec
Ended Job = job_1521286418437_0005
Moving data to: hdfs://bdcluster/usr/hive/warehouse/statistics_db_jumper_2018_05_01
Table default.statistics_db_jumper_2018_05_01 stats: [numFiles=1, numRows=1, totalSize=2, rawDataSize=1]
MapReduce Jobs Launched:
Stage-Stage-1: Map: 1  Reduce: 1   Cumulative CPU: 4.99 sec   HDFS Read: 7846 HDFS Write: 114 SUCCESS
Stage-Stage-2: Map: 1  Reduce: 1   Cumulative CPU: 2.12 sec   HDFS Read: 4264 HDFS Write: 97 SUCCESS
Total MapReduce CPU Time Spent: 7 seconds 110 msec
OK
Time taken: 100.381 seconds
```

图 4-13　统计跳出用户数

第八步：将所有关键指标放入一张汇总表中，方便查询，如示例代码 CORE0410 所示，结果如图 4-14 所示。

> **示例代码 CORE0410　汇总关键指标**
>
> hive> CREATE TABLE statistics_db_2018_05_01 AS SELECT '2018_05_01', a.pv, b.reguser, c.ip, d.jumper FROM statistics_db_pv_2018_05_01 a JOIN statistics_db_reguser_2018_05_01 b ON 1=1 JOIN statistics_db_ip_2018_05_01 c ON 1=1 JOIN statistics_db_jumper_2018_05_01 d ON 1=1;

```
hive> CREATE TABLE statistics_db_2018_05_01 AS SELECT '2018_05_01', a.pv, b.reguser, c.ip, d.jumper
FROM statistics_db_pv_2018_05_01 a JOIN statistics_db_reguser_2018_05_01 b ON 1=1 JOIN statistics_db_
ip_2018_05_01 c ON 1=1 JOIN statistics_db_jumper_2018_05_01 d ON 1=1;
Warning: Map Join MAPJOIN[29][bigTable=?] in task 'Stage-8:MAPRED' is a cross product
Warning: Map Join MAPJOIN[30][bigTable=?] in task 'Stage-8:MAPRED' is a cross product
Warning: Map Join MAPJOIN[31][bigTable=?] in task 'Stage-8:MAPRED' is a cross product
Query ID = root_20180317090910_6fb9839c-99a3-4c34-bcbf-c0920661e0ec
Total jobs = 1
Execution log at: /tmp/root/root_20180317090910_6fb9839c-99a3-4c34-bcbf-c0920661e0ec.log
2018-03-17 09:09:34     Starting to launch local task to process map join;      maximum memory = 518979584
2018-03-17 09:09:40     Dump the side-table for tag: 1 with group count: 1 into file: file:/usr/local/hive/iotmp/
f427c0d1-d43d-4662-bcd0-3e888e21f24b/hive_2018-03-17_09-09-10_949_4276808579913229381-1/-lo-
cal-10006/HashTable-Stage-8/MapJoin-mapfile01--.hashtable
```

```
2018-03-17  09:09:40         Uploaded 1 File to: file:/usr/local/hive/iotmp/f427c0d1-d43d-4662-bcd0-
3e888e21f24b/hive_2018-03-17_09-09-10_949_4276808579913229381-1/-local-10006/HashTable-Stage-8/
MapJoin-mapfile01--.hashtable (278 bytes)
2018-03-17 09:09:40     Dump the side-table for tag: 1 with group count: 1 into file: file:/usr/local/hive/iotmp/
f427c0d1-d43d-4662-bcd0-3e888e21f24b/hive_2018-03-17_09-09-10_949_4276808579913229381-1/-lo-
cal-10006/HashTable-Stage-8/MapJoin-mapfile11--.hashtable
2018-03-17  09:09:40         Uploaded 1 File to: file:/usr/local/hive/iotmp/f427c0d1-d43d-4662-bcd0-
3e888e21f24b/hive_2018-03-17_09-09-10_949_4276808579913229381-1/-local-10006/HashTable-Stage-8/
MapJoin-mapfile11--.hashtable (278 bytes)
2018-03-17 09:09:40     Dump the side-table for tag: 0 with group count: 1 into file: file:/usr/local/hive/iotmp/
f427c0d1-d43d-4662-bcd0-3e888e21f24b/hive_2018-03-17_09-09-10_949_4276808579913229381-1/-lo-
cal-10006/HashTable-Stage-8/MapJoin-mapfile20--.hashtable
2018-03-17  09:09:40         Uploaded 1 File to: file:/usr/local/hive/iotmp/f427c0d1-d43d-4662-bcd0-
3e888e21f24b/hive_2018-03-17_09-09-10_949_4276808579913229381-1/-local-10006/HashTable-Stage-8/
MapJoin-mapfile20--.hashtable (278 bytes)
2018-03-17 09:09:40    End of local task; Time Taken: 5.93 sec.
Execution completed successfully
MapredLocal task succeeded
Launching Job 1 out of 1
Number of reduce tasks is set to 0 since there's no reduce operator
Starting  Job  =  job_1521286418437_0006,  Tracking  URL  =  http://master:8088/proxy/application
_1521286418437_0006/
Kill Command = /usr/local/hadoop/bin/hadoop job  -kill job_1521286418437_0006
Hadoop job information for Stage-8: number of mappers: 1; number of reducers: 0
2018-03-17 09:09:59,798 Stage-8 map = 0%,  reduce = 0%
2018-03-17 09:10:13,912 Stage-8 map = 100%,  reduce = 0%, Cumulative CPU 1.17 sec
MapReduce Total cumulative CPU time: 1 seconds 170 msec
Ended Job = job_1521286418437_0006
Moving data to: hdfs://bdcluster/usr/hive/warehouse/statistics_db_2018_05_01
Table default.statistics_db_2018_05_01 stats: [numFiles=1, numRows=1, totalSize=19, rawDataSize=18]
MapReduce Jobs Launched:
Stage-Stage-8: Map: 1  Cumulative CPU: 1.17 sec   HDFS Read: 9157 HDFS Write: 107 SUCCESS
Total MapReduce CPU Time Spent: 1 seconds 170 msec
OK
Time taken: 64.764 seconds
```

图 4-14 汇总关键指标

第九步：查询汇总数据，如示例代码 CORE0411 所示，结果如图 4-1 所示。

示例代码 CORE0411 查询汇总数据
hive> select * from statistics_db_2018_05_01;

扫描下方二维码可体验 Hive 的更多操作。

通过本次任务实施已经使用HiveQL完
成了数据分析，扫描右侧二维码了解更多
有关Hive实操知识。

任务总结

本项目主要对数据仓库 Hive 知识进行了介绍，详细讲解了 Hive 的体系架构与工作原理，并对 Hive 的数据类型和数据模型进行了充分说明；技能实践中，通过 HiveQL 数据库和表的基本操作及 Hive 数据预处理案例，来增强实验能力，全面掌握 Hive 对数据查询的操作，完成 Persona 项目的指标汇总。

英语角

Result	结果	Long	长
Boolean	布尔	Array	数组
Map	映射	Struct	结构体
Bucket	桶	Database	数据库
Namespace	命名空间	Partition	划分
Location	位置	Drop	删除
Alter	修改，改变	Show	查看
Describe	描述	Load	加载

任务习题

1. 选择题

（1）Hive 的 String 类型相当于数据库的 varchar 类型，该类型是一个可变的字符串，理论上可以存储（　　）的字符数。
A.1 GB　　　　B.2 GB　　　　C.4 GB　　　　D.8 GB

（2）在 Hive 的原子数据类型中，INT 表示（　　）位有符号整数。
A.8　　　　　B.16　　　　　C.32　　　　　D.64

（3）Hive 的原子数据类型包含数值型、布尔型和（　　）型的数据。
A. 数组　　　B. 列表　　　　C. 字典　　　　D. 字符串

（4）Hive 中的（　　）数据类型是对数据源数据文件本身来拆分。
A.Database　　B.Table　　　C.Partition　　　D.Bucket

（5）Hive 要处理的数据文件常存储在 HDFS 上，HDFS 由名称节点（　　）来管理。
A. NameNode　　　B.DateNode　　　C.SecondNamenode　　D.Client

2. 判断题

（1）Hadoop 通常都有较高的延迟，并且在作业提交和调度的时候需要大量的开销。（　　）

（2）所有的 Hive 任务都会有 Reducer 的执行。（　　）

（3）HiveQL 处理引擎和 MapReduce 的结合部分是由 Hive 执行引擎，执行引擎处理查询并产生和 MapReduce 一样的结果。（　　）

（4）Hive 提供实时的查询和基于行级的数据更新操作。（　　）

（5）Hive 不支持日期类型，在 Hive 中日期都是用字符串来表示的。（　　）

3. 简答题

（1）Hive 与 Hadoop 有何关系？

（2）Hive 内部表和外部表的区别有哪些？

（3）Hive 有哪些特点？Hive 和 RDBMS 有什么异同？

项目五　分布式数据库（HBase）

通过实现 Persona 项目数据存储与检索的功能，了解 HBase 的基本概念，掌握 HBase 的专业语法和框架设计，熟练使用 HBase Shell 命令和过滤器操作数据库，掌握 Python 第三方库 HappyBase 管理和操作数据库。在任务实现过程中：

- 了解 HBase 的概念；
- 熟练使用 HBase 的 Shell 命令；
- 熟练使用 HBase 过滤器对表进行查询；
- 掌握 HBase 相关 Python 库操作数据库方法；
- 掌握 Hive 向 HBase 中数据迁移的方法。

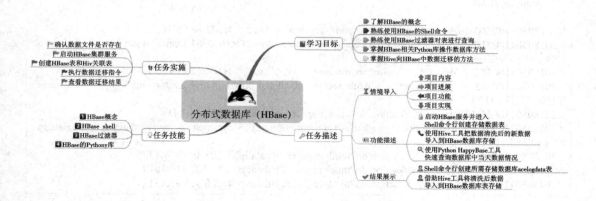

【情境导入】

由于 Persona 项目的日志文件中的数据会根据时间的推移而不断增加,因此清洗后日志文件的数据量也会越来越大。此时,就需要通过非关系型数据库来对清洗后的日志文件数据进行存储。使用非关系型数据库 HBase,可以在满足海量数据存储的同时,保证数据的可靠性。本任务主要通过使用 HBase Shell 命令对 HBase 进行操作,并对清洗后的数据进行存储与检索。

【功能描述】

- ➢ 启动 HBase 服务并进入 Shell 命令行创建存储数据表。
- ➢ 使用 Hive 工具把数据清洗后的新数据导入到 HBase 数据库中存储。
- ➢ 使用 Python HappyBase 工具快速查询数据库中当天数据情况。

【结果展示】

通过对本任务的学习,实现 HBase 存储数据,通过 Shell 命令行创建所需存储数据库 acelogdata 表,借助 Hive 工具将清洗后的数据导入到 HBase 数据库表中存储,使用 HappyBase 工具实现数据快速查询,结果如图 5-1 所示。

```
>>> import happybase
>>> connection = happybase.Connection('192.168.10.130',timeout=500000)
>>> table = connection.table(b'acelogdata')
>>> for key, data in table.scan(row_prefix=b'20180501'):
...     print(key,data)
...
b'20180501100510' {b'data:url': b'/action.do?mod=register', b'data:ip': b'122.88.96.103'}
b'20180501100511'    {b'data:url':    b'/ub_server/data/avatar/000/08/43/64_avatar_small.jpg',    b'data:ip': b'84.103.100.92'}
b'20180501100512' {b'data:url': b'/action.do?mod=register', b'data:ip': b'106.123.94.83'}
b'20180501100513'    {b'data:url':    b'/ub_server/data/avatar/000/08/43/64_avatar_small.jpg',    b'data:ip': b'120.131.114.112'}
b'20180501100514' {b'data:url': b'/action.do?mod=register', b'data:ip': b'81.86.97.115'}
b'20180501100515'    {b'data:url':    b'/data/attachment/common/c8/common_2_verify_icon.png',    b'data:ip': b'94.123.83.114'}
b'20180501100516' {b'data:url': b'/action.do?mod=register', b'data:ip': b'103.106.114.132'}
b'20180501100517' {b'data:url': b'/action.do?mod=register', b'data:ip': b'81.107.116.101'}
b'20180501100518' {b'data:url': b'/action.do?mod=register', b'data:ip': b'100.113.91.131'}
```

b'20180501100519'	{b'data:url': b'/data/attachment/common/c8/common_2_verify_icon.png', b'data:ip': b'89.128.94.115'}
b'20180501100520'	{b'data:url': b'/data/attachment/common/c8/common_2_verify_icon.png', b'data:ip': b'119.94.134.94'}
b'20180501100521'	{b'data:url': b'/action.do?mod=register', b'data:ip': b'137.117.137.138'}
b'20180501100522'	{b'data:url': b'/ub_server/data/avatar/000/08/43/64_avatar_small.jpg', b'data:ip': b'97.117.86.105'}
b'20180501100523'	{b'data:url': b'/action.do?mod=register', b'data:ip': b'123.107.113.103'}

图 5-1　HBase 数据表数据

技能点一　HBase 概念

1. 列式数据库

列式数据库的产生是为了处理大规模数据，最早应用于商业的列式数据库是在 1995 年正式发布的 Sybase IQ，但此数据库一直到 1999 年左右才逐渐稳定，并能够正常使用。现在的大多数分析型数据库都是 2003—2005 年从 PostgreSQL 分支出来的。当前较流行的列式数据库有 HBase、InfoBright、LucidDB 和 MonetDB 等。行式数据存储和列式数据存储的区别如图 5-2 所示。

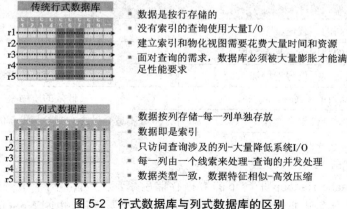

图 5-2　行式数据库与列式数据库的区别

列式数据库有五大特点，具体如下。

（1）高效的存储空间利用率：面向列的数据库一开始就是完全为分析而存在的，不考虑少量的更新问题,数据完全是密集存储。传统的行式数据库由于每个列的字符长度不一,为了预防更新的时候出现一行数据跳到另一个块上去,会预留一些空间方便存储数据。行式数据库为了表明行的 id,往往会有一个伪列(Rowid)的存在。列式数据库一般不会保存 Rowid。

(2)数据迭代(Tuple Iteration):行式数据库由于数据混在一起,无法对一个数组进行同一个简单函数的调用,所以其执行效率没有列式数据库高。

(3)压缩算法:列式数据库每一列都分开储存,可针对每一列的特征运用不同的压缩算法。常见的列式数据库压缩算法有 Run Length Encoding、LZO、Null Compression、Data Dictionary、Delta Compression 和 BitMap Index 等。根据不同的特征进行压缩的效率从 100 000∶1 到 10∶1 不等,数据越大,其压缩效率的提升越明显。由于列式数据库针对不同列的数据特征给出不同的算法,使其往往有比行式数据库更高的压缩率,普通的行式数据库一般压缩率在 3∶1 到 5∶1,而列式数据库的压缩率一般在 8∶1 到 30∶1。InfoBright 在特别应用时压缩率可以达到 40∶1,Vertica 在特别应用时压缩率可以达到 60∶1,一般压缩率都和网络流量相关。

(4)不可见索引:由于列式数据库的数据每一列都按照选择性进行排序,并不存在行式数据库里面的索引来减少 I/O。当数据库执行引擎进行 where 条件过滤时,若发现任何一列的数据不满足特定条件,整个块的数据将会被丢弃。

(5)延迟物化:列式数据库由于特殊的执行引擎,在数据运算时一般不需要解压缩数据,而是以指针代替运算,直到最后需要输出完整的数据。传统的行式数据库运算,在运算的一开始就解压缩所有数据,并执行后面的过滤、投影、连接和聚合操作。而列式数据库在整个计算过程中,无论过滤、投影、连接和聚合操作,都不解压缩数据,直到最后数据才被还原为原始数据值。

列式数据库与行式数据库的对比如表 5-1 所示。

表 5-1 列式数据库与行式数据库的对比

列式数据库	行式数据库
极高的装载速度	批量更新情况各异
适合大量的数据而不是小数据	不适合扫描小量数据
实时加载数据仅限于增加	不适合随机的更新
高效的压缩率	低效的压缩率
非常适合做聚合操作	不适合做含有删除和更新的实时操作

2.HBase 简介

HBase 是 Apache Hadoop 平台下的数据存储引擎,是一个不同于常规数据库(Oracle、MySQL 等),但适合存储非结构化数据存储的非关系型数据库,也叫 NoSQL 数据库。它能够为大数据提供随机、实时的读/写操作。由于 HBase 是开源的且具有分布式、多版本、可扩展和面向列等特点,使 HBase 可以部署在廉价的 PC 服务器集群上,处理大规模的海量数据。HBase 与关系型数据库(RDBMS)的特点对比如表 5-2 所示。

表 5-2 HBase 和 RDBMS 的特点对比

定义	HBase	RDBMS
查询语言	支持自身提供的 API	SQL
数据类型	Bytes	支持多种数据类型
数据层	一个分布式的、多维度的、排序的 Map	行或列导向
数据大小	TB 到 PB 级数据,千万到十亿级行	GB 到 TB 级数据,十万到百万级行
容错	针对单个或多个节点宕机没有影响	需要额外较复杂的配置
硬件	集群商用硬件	较贵的多处理器硬件
事务	单个行的 ACID	支持表间和行间的 ACID
索引	行键索引	支持
吞吐量	每秒百万次查询	每秒千次查询

HBase 基于 Google BigTable 模型开发,属于典型的 key/value 系统,其存储的数据从逻辑来说就是把亿行亿列的数据存储到一张大表上,并且它的数据列可以根据需要动态变化,也就是说 HBase 表中的每一行可以包含不同数量的列,并且某一行的某一列还可以有多个版本的数据,通过时间戳(后文详细介绍时间戳)来进行区分。

HBase 是一个高可靠性、高性能、面向列、可伸缩的分布式存储系统,它的存储方式有两种,一种是使用操作系统的本地文件系统进行存储,另一种是在集群环境下使用 Hadoop 的 HDFS 进行存储。HBase 利用 Hadoop MapReduce 来处理海量数据,利用 ZooKeeper 作为协调服务工具。通过以上介绍,可以知道 HBase 也是存储系统。HBase 与 HDFS 的详细区别如表 5-3 所示。

表 5-3 HBase 与 HDFS 的区别

定义	HBase	HDFS
存储方式	HBase 是一个数据库,构建在 HDFS 上	HDFS 是一个分布式文件系统,用于存储大量文件数据
查询方式	HBase 支持快速表数据查找	HDFS 不支持快速单个记录查找
延迟性	在十亿级表中查找单个记录延迟低	对于批量操作延迟较大
读取方式	可以随机读取数据	只能顺序读取数据

在了解 HBase 部分知识后会发现,它与之前学习的 Hive 有相同之处,其实不然,HBase 与 Hive 的对比如表 5-4 所示。

表 5-4 HBase 与 Hive 的对比

定义	HBase	Hive
结构化	非结构化数据	结构化数据

续表

定义	HBase	Hive
适用范围	在线读取	批量查询
延迟性	在线,低延迟	批处理,较高延迟
适用人员	开发者	分析人员

HBase 存储的数据,向下提供存储(HDFS),向上提供运算(MapReduce),将数据存储与并行计算完美地结合在一起,如图 5-3 所示。

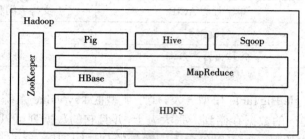

图 5-3 HBase 在 Hadoop 生态中的位置

3.HBase 专业术语

HBase 专业术语有四类,分别是 Row Key、Column Family、Cell 和 Time Stamp,具体如下:

1) Row Key(行键)

Row Key 是表中每条记录的"主键",方便快速查找,它的设计非常重要。在 HBase 内部,Row Key 保存为字节数组,在存储时数据按照 Row Key 的字典序(byte order)排序存储。Row Key 可以是任意字符串(最大长度是 64 KB,实际应用中长度一般为 10~100 bytes)。

建议 Row Key 越短越好,不要超过 16 个字节,原因如下:

(1)数据在持久化文件 HFile 中是按照键值存储的,如果 Row Key 过长,比如超过 100 个字节,对于 1000 万行数据,仅 Row Key 就要占用 $100 \times 1000 \times 10^4 = 10$ 亿个字节,将近 1G 数据,存储数据过多会极大影响 HFile 的存储效率;

(2)MemStore 将部分数据缓存到内存,如果 Row Key 过长,内存的有效利用率就会降低,系统不能缓存更多的数据,这样会降低检索效率;

(3)当前大部分操作系统是 64 位系统,内存 8 字节对齐,控制在 16 个字节——8 字节的整数倍利用了操作系统的最佳特性。

如果 Row Key 按照时间戳的方式递增,不要将时间放在二进制码的前面,建议将 Row Key 的高位作为散列字段,由程序随机生成,低位存放时间字段,这样将使数据均衡分布在每个 RegionServer 中以实现负载均衡。如果没有散列字段,首字段直接是时间信息,所有的数据都会集中在一个 RegionServer 上,这样在数据检索的时候,负载会集中在个别的 RegionServer 上,造成热点问题,从而降低查询效率。

必须在设计上保证行键唯一性，Row Key 是按照字典顺序排序存储的，因此设计 Row Key 的时候，要充分利用排序的特点，将经常读取的数据存储到一个数据块，将最近可能会被访问的数据放到另一个数据块。

2) Column Family（列族）

Column Family 在创建表时声明，一个 Column Family 可以包含多个列，列中的数据都以二进制形式存在，没有数据类型。Column Family 是由多个列组成的集合。一个 Column Family 中的所有列成员有着相同的前缀。

在 HBase 中，数据是按 Column Family 来分割的，同一个 Column Family 下所有列的数据放在一个文件中。HBase 本身的设计目标是支持稀疏表，而稀疏表通常会有很多列，但是每一行有值的列又比较少。如果不使用 Column Family 的概念，那么有以下两种设计方案。

（1）把所有列的数据放在一个文件中（也就是传统的按行存储）。当访问少数几个列的数据时，需要遍历每一行，整个表的数据，读取十分低效。

（2）把每个列的数据分开，单独存在一个文件中（按列存储）。当访问少数几个列的数据时，只需要读取对应的文件，不用读取整个表的数据，读取效率很高。但由于稀疏表通常会有很多列，使用此方案会导致文件数量增多，降低文件系统的效率。

Column Family 的提出就是为了在上面两种方案中做一个折中。HBase 中将一个 Column Family 中的列存在一起，而不同 Column Family 的数据则分开。由于在 HBase 中 Column Family 的数量通常很小，同时 HBase 建议把经常一起访问的比较类似的列放在同一个 Column Family 中，这样就可以在访问少数几个列时，只读取尽量少的数据。

3) Cell（单元）

HBase 中通过 row 和 columns 来确定一个存储单元，称为 Cell。Cell 中的数据没有类型，全部以字节码存储。在一个 Cell 中同一数据的不同版本的顺序是按照时间的倒序排序。

每个 Cell 都有各种版本的数据，所以当更新一个 Cell 中的数据时，其实是向 Cell 的末尾追加一个版本的数据，而更新之前的数据依然是存在的，这和添加一个新的数据没有任何区别。每个 Column Family 都可以设置每个 Cell 要保留的版本数量，默认是 3，由 VERSIONS 决定。当使用 get 或者 scan 命令查看数据时，如果没有指定版本数量则默认取到每个 Cell 最新版本的数据，如果指定了 VERSIONS 则显示其指定的版本数量的数据。

4) Time Stamp（时间戳）

每个 Cell 都保存着同一份数据的多个版本，版本通过时间戳来索引。时间戳的类型是 64 位整型，它可以由 HBase 赋值，此时时间戳是精确到毫秒的当前系统时间。时间戳也可以由客户显式赋值。

4. HBase 框架设计

HBase 采用 Master/Slave 架构搭建集群，它属于 Hadoop 生态系统，由 HMaster 节点、HRegionServer（HBase 区域服务器）、ZooKeeper 集群以及 HBase 的各种访问接口组成，如图 5-4 所示。

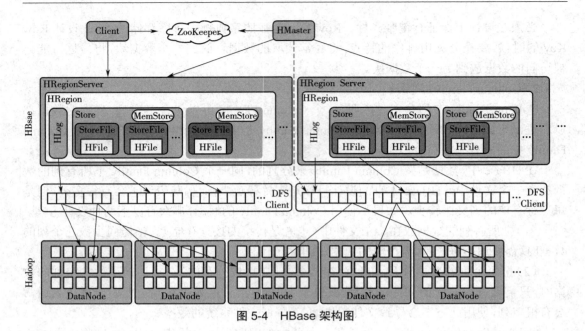

图 5-4　HBase 架构图

HBase 架构详解如下。

1）HMaster

HMaster（HBase 主节点）主要负责管理 Table 表和 HRegion（HBase 区域），HMaster 不存在单点故障，HBase 中可以启动多个 HMaster，通过 ZooKeeper 的 Master Election（主节点选举）机制保证总有一个 Master 在运行。HMaster 主要功能如下：

（1）负责 Table 和 HRegion 的管理工作；

（2）管理用户对表的增删改查操作；

（3）管理 HRegionServer 的负载均衡，调整 HRegion 分布；

（4）Region Split（区域切片）后，负责新 HRegion 的分布；

（5）在 HRegionServer 停机后，负责失效 HRegionServer 中 HRegion 的迁移。

如果某个 HMaster 发生故障，HBase 表还能实现读写操作。但一些 HBase 的操作需要等 HMaster 启动后才可以，例如 HRegion 不能分割，新的 HBase 客户端不能找到 HRegion 信息。HBase 可以配置高可用性，只需安装一个或多个备用 HMaster。如果一个运行的 HMaster 失败，备用的 HMaster 将会被选举为新运行 HMaster。

2）ZooKeeper

分布式的 HBase 需要 ZooKeeper 集群的支持，所有节点及客户端都需要接入 ZooKeeper 集群。HBase 默认提供一个 ZooKeeper 集群，在 HBase 启动或关闭时，同时启动或关闭 ZooKeeper，同样也可以提供一个独立的 ZooKeeper 集群，只需说明 HBase 的 ZooKeeper 集群地址即可。如果在 conf/hbase-env.sh 内配置 HBASE_MANGES_ZK 为 true，则使用 HBase 自带的 ZooKeeper，否则需另外的 ZooKeeper 服务管理。在应用中一般配置外置 ZooKeeper 集群，以方便管理和其他软件使用。ZooKeeper 服务管理多个 RegionServers，在多个 RegionServers 中，每个服务器的 HRegion 中存放着多个表，并且实现了 (implement) ZKPermissionWatcher（ZooKeeper 许可监视）接口的 nodeCreated() 和 RefreshCache() 方法，这两个方法对 ZooKeeper 的节点进行监控,节点的状态发生相应的变化时,ZooKeeper 会刷新镜像中的权限。ZooKeeper 管理如图 5-5 所示。

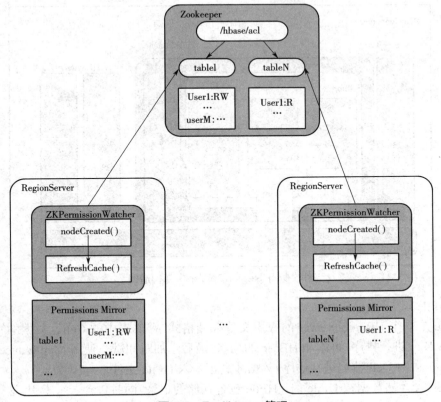

图 5-5　ZooKeeper 管理

3）HRegionServer

HRegionServer 是 HBase 中最核心的模块,主要负责响应用户 I/O 请求,向 HDFS 文件系统中读写数据。其具体功能如下:

（1）存储和管理 HRegions；

（2）处理读取 / 写入请求；

（3）当 HRegions 过多时,自动分割 HRegions；

（4）对表的操作直接与客户端连接。

HRegionServer 包含一个 Write-Ahead Log（WAL,也叫 Hlog,记录操作内容的日志）、一个 BloakCache（块缓冲）和多个 HRegion。每个 HRegion 包含多个 HStore（HBase 存储）,每个 HStore 存储一个 Column Family。每个 HRegion 由一个 MemStore（内存）和多个 StoreFile（存储文件）组成,每个 StoreFile 有一个 HFile 实例。HFile 和 Hlog 在 HDFS 上存储。HRegionServer 内部构造如图 5-6 所示。

4）HRegion

一个 HRegion 存储一个连续的集合,同一个 HRegion 中数据是按序排列的,同时这些数据在 Start Key 和 End Key 之间。HRegions 之间没有重叠,如一个 Row Key 只属于确定的一个 HRegion。一个 HRegion 只被一个 HRegionServer 服务，这就是 HBase 保持行强一致性的原因。

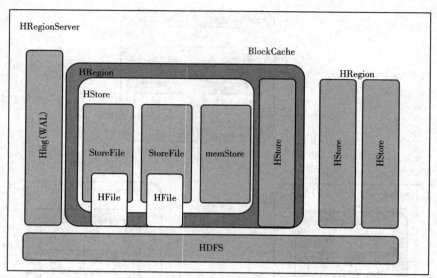

图 5-6　HRegionServer 内部构造图

5）HFile

HFile 是一个 HRegionServer 的底层文件存储格式，存储表中的 Cell。数据的写入需要先对 Row Key 进行排序，再添加 HBase 的列名，最后添加时间戳。使用 MapReduce 的 shuffle-sort-reduce 对 Cell 数据进行排序，数据才真正写入 HFile 文件。

HBase 表存储数据在 HFile 内，HFile 包含存储的记录，同时包含一个索引，这个索引是每个 HBlock（HBase 块）开始位置的 Row Key。每个 HBlock 的 BlockSize 默认是 64K。HBase 中并没有存储所有记录的索引，而是一个粗粒度的索引，即只存储每个 Block 的开始位置。

6）HBase 访问接口

使用 HBase RPC（HBase 远程过程调用）机制可以与 HMaster、HRegionServer 进行通信，包含访问 HBase 的接口，并维护 Cache 来加快对 HBase 的访问，如 Region 的位置信息。读取 HBase 可以通过 Java API、REST Interface、Thrift Gateway 或 HBase Shell 接口实现。

5. HBase 数据模型、概念视图和物理视图

1）数据模型

HBase 是仿照 Google Bigtable 设计的分布式数据库，它是稀疏的、长期存储的（存储在硬盘上）、多维度的、排序的映射表，这张表的索引是行关键字、列关键字和时间戳，HBase 中的数据都是字符串，没有数据类型。

由于是稀疏存储，同一张表里面的每一行数据都可以有截然不同的列。用户在表格中存储数据，每一行都有一个可以排序的主键和任意多的列。

HBase 中 Column Family 和列的组合是列名的格式，如"<family>:<qualifier>"，都是由字符串组成的，每一张表有一个 Column Family 集合，这个集合是固定不变的，只能通过改变表结构来改变。但是 qualifier 值相对于每一行来说都是可以改变的。

HBase 把同一个 Column Family 里面的数据存储在同一个目录下,并且 HBase 的写操作是锁行的,每一行都是一个原子元素,都可以加锁。

HBase 所有数据库的更新都有一个时间戳标记,每个更新都是一个新的版本,HBase 会保留一定数量的版本,这个值是可以设定的,客户端可以选择获取距离某个时间点最近的版本单元的值,或者一次获取所有版本单元的值。

2)数据模型视图

可以将一个表想象成一个大的映射关系,通过行键、行键+时间戳或行键+列(列族:列修饰符),定位特定数据,HBase 是稀疏存储数据的,因此某些列可以是空白的,如表 5-5 所示。

表 5-5 HBase 数据模型视图

Row Key	Time Stamp	Column Family:c1		Column Family:c2	
		Column	Value	Column	Value
Row1	time7	c1:1	value1-1/1		
	time6	c1:2	value1-1/2		
	time5	c1:3	value1-1/3		
	time4			c2:1	value1-2/1
	time3			c2:2	value1-2/2
Row2	time2	c1:1	value2-1/1		
	time1			c2:1	value2-1/1

从表 5-5 可以看出,表有 Row1 和 Row2 两行数据,并且有 c1 和 c2 两个列族,在 Row1 中,列族 c1 有三条数据,列族 c2 有两条数据;在 Row2 中,列族 c1 有一条数据,列族 c2 有一条数据,每一条数据对应的时间戳都用数字来表示,编号越大(time7)表示数据越旧,反之表示数据越新(time1)。

3)物理视图

虽然从概念视图来看每个表格是由很多行组成的,但是在物理存储上面,它是按照列来保存的,如表 5-6 和表 5-7 所示。

表 5-6 HBase 物理视图表(1)

Row Key	Time Stamp	Column Family:c1	
		Column	Value
Row1	time7	c1:1	value1-1/1
	time6	c1:2	value1-1/2
	time5	c1:3	value1-1/3

表 5-7　HBase 物理视图表（2）

Row Key	Time Stamp	Column Family:c2	
		Column	Value
Row1	time4	c2:1	value1-2/1
	time3	c2:2	value1-2/2

需要注意的是，在数据模型上面有些列是空白的，这样的列实际上并不会被存储，当请求这些空白的单元格时，会返回 null 值。如果在查询的时候不提供时间戳，那么会返回距离现在最近的那一个版本的数据，因为在存储的时候数据会按照时间戳来排序。

技能点二　HBase Shell

1.HBase Shell 介绍

HBase 不支持常用的 SQL 查询语句，但 HBase 有自带的查询语句 HQL，用户可以通过 HBase Shell 使用 HQL 语句进行数据查询，同时还有其他方式访问 HBase 数据库读取信息，具体如下。

（1）Natice Java API：最常规和高效的访问方式，适合 Hadoop MapReduce Job 并行批处理 HBase 表数据。

（2）Thrift Gateway：利用 Thrift 序列化技术，支持 C++、PHP、Python 等多种语言，适合其他异构系统在线访问 HBase 表数据。

（3）REST GateWay：支持 REST 风格的 Http API 访问 HBase，解除了语言限制。

（4）Pig：使用 Pig Latin 流式编程语言来操作 HBase 中的数据，与 Hive 类似，本质也是编译成 MapReduce Job 来处理 HBase 表数据，适合数据统计。

（5）Hive：可以使用类似 SQL 语言来访问 HBase。

HBase Shell 可以对 HBase 进行增删改查及数据库管理操作，基本操作命令如表 5-8 所示。

表 5-8　HBase Shell 基本操作命令

HBase Shell 命令	描述
alter	修改列族（Column Family）模式
count	统计表中行的数量
create	创建表
describe	显示与表相关的详细信息
delete	删除指定对象的值（可以为表、行、列对应的值，另外也可以指定时间戳的值）
deleteall	删除指定行的所有元素值

续表

HBase Shell 命令	描述
disable	使表无效
drop	删除表
enable	使表有效
exists	测试表是否存在
exit	退出 HBase Shell
get	获取行或单元(cell)的值
incr	增加指定表、行或列的值
list	列出 HBase 中存在的所有表
put	向指向的表单元添加值
tools	列出 HBase 所支持的工具
scan	通过对表的扫描来获取对应的值
status	返回 HBase 集群的状态信息
shutdown	关闭 HBase 集群(与 exit 不同)
truncate	重新创建指定表
version	返回 HBase 版本信息

2.HBase Shell 常用指令

HBase 可以使用 Shell 命令进行一些常规的 HBase 增删改查以及数据库表管理操作，但这些操作都需要进入 HBase Shell 指令下才能执行。进入 HBase Shell 命令操作如示例代码 CORE0501 所示。

示例代码 CORE0501 进入 HBase Shell 命令

[root@master ~]# hbase shell
2018-01-18 18:25:10,192 WARN [main] util.NativeCodeLoader: Unable to load native-hadoop library for your platform... using builtin-java classes where applicable
SLF4J: Class path contains multiple SLF4J bindings.
SLF4J: Found binding in [jar:file:/usr/local/hbase/lib/slf4j-log4j12-1.7.5.jar!/org/slf4j/impl/StaticLoggerBinder.class]
SLF4J: Found binding in [jar:file:/usr/local/hadoop/share/hadoop/common/lib/slf4j-log4j12-1.7.10.jar!/org/slf4j/impl/StaticLoggerBinder.class]
SLF4J: See http://www.slf4j.org/codes.html#multiple_bindings for an explanation.
SLF4J: Actual binding is of type [org.slf4j.impl.Log4jLoggerFactory]
Type "exit<RETURN>" to leave the HBase Shell

> Version 1.2.6, rUnknown, Mon May 29 02:25:32 CDT 2017
>
> hbase(main):001:0>

创建表的命令与传统数据库 DDL（数据库模式定义语言）的基本操作一样，通过 create 即可完成新表创建，但其参数不同，可以在新建表的时候设置 Column Family，设置每个 Column Family 的版本数或列等其他参数。create 命令使用方式如下：

> hbase(main):001:0> create ' acelog', 'test'

1）list

list 命令可以实现所有表查看，列出 HBase 中的所有表，可以使用正则表达式参数来过滤输出。查看所有表命令使用如下：

> hbase(main):002:0> list

2）exists

exists 命令可以实现查看某个表是否存在（已知表名）或某空间下是否存在某个表。查看表是否存在命令使用如下：

> hbase(main):003:0> exists 'acelog'

3）alter

alter 命令可改变一个表。如果"hbase.online.schema.update.enable"属性设置为"false"，必须禁用该表（请参见"帮助""禁用"）。如果"hbase.online.schema.update.enable"属性设置为"ture"，则表可以在不禁用的情况下进行更改。更改已启用的表可能造成问题，因此在使用前要谨慎并进行测试。可以使用 alter 命令添加、修改或删除列族或更改表配置选项。列族的工作方式类似于"create"命令。列族规范可以是名称字符串，也可以是带有 name 属性的字典。修改表命令使用如下：

> hbase(main):004:0>alter ' acelog ', {NAME => 'f2', CONFIGURATION => {'hbase.hstore.blockingStoreFiles' => '10'}

4）drop

删除表命令与删除传统数据库一样，但需要注意，在 HBase 中，如果要删除某个表需要先把此表禁用。删除表命令使用如下：

> hbase(main):005:0>disable 'acelog'
> hbase(main):005:0>drop 'acelog'

5）put

插入数据或更新数据可用 put 命令实现，在 HBase 中使用版本来控制。插入数据命令使用如下：

```
hbase(main):007:0>put ' acelog ', 'r1', 'c1', 'value'
```

6) scan 和 get

在 HBase 中获取数据的方式有两种：一种是 scan，另一种是 get。使用 scan 不用设置任何参数，是全表扫描。扫描器规范可能包括一个或多个：TIMERANGE、FILTER、LIMIT、STARTROW、STOPROW、ROWPREFIXFILTER、TIMESTAMP、MAXLENGTH 或 COLUMNS、CACHE 或 RAW、版本、ALL_METRICS 或 METRICS。如果没有指定列，则将扫描所有列。

使用 get 方式需要指定 Row Key，获取行或单元内容，传递表名、行和可选的列(s)、时间戳、时间和版本的字典。获取表数据内容命令使用如下：

```
hbase(main):008:0> scan 'acelog'
```

3. 技能实践：HBase Shell 基本操作

1）实验目标

掌握 HBase Shell 基本命令，能够使用 HBase Shell 命令进行数据库表操作，了解各种指令的含义。

2）实验要求

独立完成 HBase Shell 实验，掌握 HBase Shell 操作数据库基本命令。

3）实验步骤

（1）启动 Hadoop 集群服务。

（2）启动 HBase 服务。

（3）进入 HBase Shell 命令行。

（4）创建 student 表同时设置列族"score"。

（5）查看 student 表是否创建成功。

（6）查看 student 表结构。

（7）查询 student 表是否可用。

（8）向 student 表中插入三行数据，第一行 key 为 row1，列为 score:a，值是 value1；第二行 key 为 row2，列为 score:b，值是 value2；第三行 key 为 row3，列为 score:c，值是 value3。

（9）使用两种方式查看 student 表中数据。

（10）删除 student 表。

参考流程：详细流程参考示例代码 CORE0502 所示。

步骤	示例代码 CORE0502 get 获取数据
1	[root@master ~]# start-all.sh
2	[root@master ~]# start-hbase.sh
3	[root@master ~]# hbase shell
4	hbase(main):001:0> create 'student', 'score'
5	hbase(main):002:0> list
6	hbase(main):003:0> describe 'student'

7		hbase(main):004:0> is_enabled 'student'
8		hbase(main):005:0> put 'student', 'row1', 'score:a', 'value1'
		hbase(main):006:0> put 'student', 'row2', 'score:b', 'value2'
		hbase(main):007:0> put 'student', 'row3', 'score:c', 'value3'
9		hbase(main):008:0> scan 'student'
		hbase(main):009:0> get 'student', 'row1'
10		hbase(main):010:0> disable 'student'
		hbase(main):011:0> drop 'student'

示例代码运行流程如图 5-7 所示。

```
[root@master ~]# start-hbase.sh
starting master, logging to /usr/local/hbase/logs/hbase-root-master-master.out
Java HotSpot(TM) 64-Bit Server VM warning: ignoring option PermSize=128m; support was removed in 8.0
Java HotSpot(TM) 64-Bit Server VM warning: ignoring option MaxPermSize=128m; support was removed in 8.0
slave1: starting regionserver, logging to /usr/local/hbase/logs/hbase-root-regionserver-slave1.out
slave2: starting regionserver, logging to /usr/local/hbase/logs/hbase-root-regionserver-slave2.out
[root@master ~]# hbase shell
SLF4J: Class path contains multiple SLF4J bindings.
SLF4J: Found binding in [jar:file:/usr/local/hbase/lib/slf4j-log4j12-1.7.5.jar!/org/slf4j/impl/StaticLoggerBinder.class]
SLF4J: Found binding in [jar:file:/usr/local/hadoop/share/hadoop/common/lib/slf4j-log4j12-1.7.10.jar!/org/slf4j/impl/StaticLoggerBinder.class]
SLF4J: See http://www.slf4j.org/codes.html#multiple_bindings for an explanation.
SLF4J: Actual binding is of type [org.slf4j.impl.Log4jLoggerFactory]
HBase Shell; enter 'help<RETURN>' for list of supported commands.
Type "exit<RETURN>" to leave the HBase Shell
Version 1.2.6, rUnknown, Mon May 29 02:25:32 CDT 2017
hbase(main):001:0> create 'student', 'score'
0 row(s) in 2.9980 seconds
=> Hbase::Table - student
hbase(main):002:0> list
TABLE
student
1 row(s) in 0.0960 seconds

=> ["student"]
hbase(main):003:0> describe 'student'
Table student is ENABLED
student
COLUMN FAMILIES DESCRIPTION
{NAME => 'score', BLOOMFILTER => 'ROW', VERSIONS => '1', IN_MEMORY =>
'false', KEEP_DELETED_CELLS => 'FALSE', DATA_BLOCK_ENCODING => 'NONE', T
TL => 'FOREVER', COMPRESSION => 'NONE', MIN_VERSIONS => '0', BLOCKCACHE
 => 'true', BLOCKSIZE => '65536', REPLICATION_SCOPE => '0'}
1 row(s) in 0.3790 seconds

hbase(main):004:0> is_enabled 'student'
true
```

```
0 row(s) in 0.0190 seconds

hbase(main):005:0> put 'student', 'row1', 'score:a', 'value1'
0 row(s) in 0.4710 seconds

hbase(main):006:0> put 'student', 'row2', 'score:b', 'value2'
0 row(s) in 0.0190 seconds

hbase(main):007:0> put 'student', 'row3', 'score:c', 'value3'
0 row(s) in 0.0280 seconds

hbase(main):008:0> scan 'student'
ROW              COLUMN+CELL
  row1           column=score:a, timestamp=1521292832417, value=value
                 1
  row2           column=score:b, timestamp=1521292839575, value=value
                 2
  row3           column=score:c, timestamp=1521292853070, value=value
                 3
3 row(s) in 0.1910 seconds

hbase(main):009:0> get 'student', 'row1'
COLUMN           CELL
  score:a        timestamp=1521292832417, value=value1
1 row(s) in 0.0700 seconds

hbase(main):010:0> disable 'student'
0 row(s) in 2.3620 seconds

hbase(main):011:0>  drop 'student'
0 row(s) in 1.3530 seconds
```

图 5-7　HBase Shell 基础执行流程

技能点三　HBase 过滤器

1. 过滤器介绍

HBase 过滤器（filter）提供非常强大的过滤性，用来帮助用户提高其处理表中数据的效率。通过这个过滤器可以把 HBase 中的数据在多个维度（行、列、数据版本）上进行对数据的筛选操作。也就是说，过滤器最终筛选的数据能够细化到具体的一个存储单元格上（由行键、列名、时间戳定位）。

HBase 中两种主要的数据读取函数是 get() 和 scan()，都支持直接访问数据和通过指定起止行键访问数据的功能。

Get 和 Scan 这两个类都支持过滤器，这类对象提供的 API 不能对行键、列名和列值进行过滤，但是通过过滤器可以直接达到这个目的。

过滤器最基本的接口是 Filter，所有的过滤器都在服务器端生效，称为词下推（predicate

push down)。这样可以保证所有过滤掉的数据不会被传送到客户端。过滤器需要配置到客户端,再通过 RPC 传送到服务器端,然后在服务器端进行过滤操作,如图 5-8 所示。

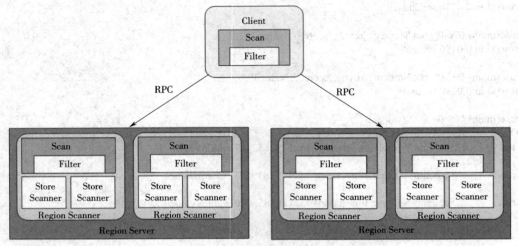

图 5-8 过滤器执行流程

过滤器运行流程如下:
(1)客户端 Client 创建 Scan 过滤器;
(2)第二步:通过 RPC 远程发送过滤器数据的序列化 Scan 到 Region Server;
(3)第三步:RegionServer 使用过滤器对 Scan 进行序列化,并同时使用 Scan 和内部的扫描器。

2. 过滤器的比较操作符和比较器

在过滤器层次结构中的最底层是 Filter 接口和 FilterBase 抽象类,它俩是过滤器的空壳和骨架。

一个是抽象的操作符,HBase 提供了枚举类型的变量来表示这些抽象的操作符,当过滤器被应用时,比较操作符可以决定什么被包含,什么被排除。这样可以帮助用户筛选数据的一段子集或一些特定的数据。比较操作符详细信息如表 5-9 所示。

表 5-9 比较操作符

运算符	描述
<	小于
<=	小于或等于
=	等于
!=	不等于
>=	大于或等于
>	大于

另一个就是具体的比较器(Comparator),代表具体的比较逻辑,提供多种方法以比较不

同的键值。比较器有六种，分别是 BinaryComparator、BinaryPrefixComparator、NullComparator、BitComparator、RegexStringComparator、SubstringComparator。比较器都继承自 WritableByteArrayComparable，WritableByteArrayComparable 实现了 Writable 和 Comparable。详细的比较器介绍如表 5-10 所示。

表 5-10 比较器介绍

比较器	描述
BinaryComparator	使用 Bytes.compareTo(byte[]) 比较当前值与阀值
BinaryPrefixComparator	使用 Bytes.compareTo(byte[]) 进行匹配，从左端开始前缀匹配
NullComparator	不做匹配，只判断当前值是不是空
BitComparator	通过 BitwiseOp 类提供的按位与（AND）、或（OR）、异或（XOR）操作执行比较
RegexStringComparator	根据一个正则表达式，在实例化这个比较器的时候匹配表中的数据
SubstringComparator	将阀值和表中数据当作 String 实例，同时通过 contains() 操作匹配字符串

后三种比较器只能和 = 和 != 运算符搭配使用。

过滤器的目的是筛掉无用的信息，所有基于 CompareFilter 的过滤处理过程是返回匹配的值。

3. 过滤器的使用

（1）RowFilter：筛选出所有匹配的行。此过滤器的应用场景是非常直观的：使用 BinaryComparator 可以筛选出具有某个行键的行，或通过改变比较运算符（下面的例子中是 CompareFilter.CompareOp.EQUAL）来筛选出符合某一条件的多条数据。以下就是筛选出行键为 row1 的一行数据：

Filter rf = new RowFilter(CompareFilter.CompareOp.EQUAL, new BinaryComparator(Bytes.toBytes("row1"))); // 筛选出匹配的所有的行

（2）PrefixFilter：筛选出具有特定前缀的行键的数据。此过滤器所实现的功能也可以由 RowFilter 结合 RegexComparator 来实现。以下就是筛选出行键以 row 为前缀的所有的行：

Filter pf = new PrefixFilter(Bytes.toBytes("row")); // 筛选成功匹配行键的前缀的行

（3）KeyOnlyFilter：此过滤器唯一的功能是只返回每行的行键，值全部为空，对于只关注于行键的应用场景来说非常合适，忽略掉其值就可以减少传递到客户端的数据量，能起到一定的优化作用。

Filter kof = new KeyOnlyFilter(); // 返回所有的行，但值全是空

（4）RandomRowFilter：此过滤器的作用是按照一定的概率（≤ 0 会过滤掉所有的行，≥ 1 会包含所有的行）来返回随机的结果集，对于同样的数据集，多次使用同一个 Random-

RowFilter 会返回不同的结果集。对于需要随机抽取一部分数据的应用场景，可以使用此过滤器：

> Filter rrf = new RandomRowFilter((float) 0.8); // 随机选出一部分的行

（5）InclusiveStopFilter：扫描的时候，可以设置一个开始行键和一个终止行键，默认情况下，这个行键的返回是前闭后开区间，即包含起始行，但不包含终止行，那么可以使用此过滤器。

> Filter isf = new InclusiveStopFilter(Bytes.toBytes("row1"));
> // 包含了扫描的上限在结果之内

（6）FirstKeyOnlyFilter：如果想返回的结果集中只包含第一列的数据，那么此过滤器能够满足要求，它在找到每行的第一列之后会停止扫描，从而使扫描的性能也得到一定的提升。

> Filter fkof = new FirstKeyOnlyFilter(); // 筛选出每个第一个单元格

（7）ColumnPrefixFilter：顾名思义，是按照列名的前缀来筛选单元格，如果想要对返回列的前缀加以限制的话，可以使用这个过滤器。

> Filter cpf = new ColumnPrefixFilter(Bytes.toBytes("qual1")); // 筛选出前缀匹配的列

（8）ValueFilter：按照具体的值来筛选单元格的过滤器，会把一行中值不能满足的单元格过滤掉。对于每一行的一个列，如果其对应的值不包含 ROW2_QUAL1，那么这个列就不会返回给客户端：

> Filter vf = new ValueFilter(CompareFilter.CompareOp.EQUAL, new SubstringComparator("ROW2_QUAL1")); // 筛选某个（值的条件满足的）特定的单元格

（9）ColumnCountGetFilter：此过滤器来返回每行最多返回多少列，并在遇到一行的列数超过设置的限制值时，结束扫描操作。

> Filter ccf = new ColumnCountGetFilter(2);
> // 如果突然发现一行中的列数超过设定的最大值，整个扫描操作会停止

（10）SingleColumnValueFilter：用一列的值决定这一行的数据是否被过滤。在它的具体对象上，可以调用 setFilterIfMissing(true) 或者 setFilterIfMissing(false)，默认是 false，其作用是，对于要用作条件的列，如果这一列本身就不存在，那么如果为 true，这样的行将会被过滤掉；如果为 false，这样的行会包含在结果集中。

```
SingleColumnValueFilter scvf = new SingleColumnValueFilter(
    Bytes.toBytes("colfam1"),
    Bytes.toBytes("qual2"),
    CompareFilter.CompareOp.NOT_EQUAL,
    new SubstringComparator("BOGUS"));
scvf.setFilterIfMissing(false);
scvf.setLatestVersionOnly(true);
```

（11）SkipFilter：这是一种附加过滤器，其与 ValueFilter 结合使用，如果发现一行中的某一列不符合条件，那么整行将会被过滤掉。

```
Filter skf = new SkipFilter(vf); // 发现某一行中的一列需要过滤时，整个行将会被过滤掉
```

（12）WhileMatchFilter：此过滤器的应用场景也很简单，在遇到某种条件数据之前的数据时，就可以使用这个过滤器；当遇到不符合设定条件的数据时，整个扫描也就结束了。

```
Filter wmf = new WhileMatchFilter(rf); // 类似于 Python itertools 中的 takewhile
```

（13）FilterList：用于综合使用多个过滤器。其有两种关系：FilterList.Operator.MUST_PASS_ONE 和 FilterList.Operator.MUST_PASS_ALL，默认是 FilterList.Operator.MUST_PASS_ALL。顾名思义，它们分别是 OR 和 AND 的关系，并且 FilterList 可以嵌套使用 FilterList，能够表达更多的需求。

```
List<Filter> filters = new ArrayList<Filter>();
filters.add(rf);
filters.add(vf);
FilterList fl = new FilterList(FilterList.Operator.MUST_PASS_ALL, filters); // 综合使用
// 多个过滤器，有 AND 和 OR 两种关系
```

4. 技能实施：使用过滤器对表数据进行查询

1）实验目标

掌握 HBase 过滤器的使用，能够使用 HBase 过滤器进行快速查询和模糊查询操作。

2）实验要求

独立完成 HBase 过滤器查询操作，掌握过滤器的使用。

3）实验步骤

（1）启动 HBase 服务，并进入 HBase Shell 命令行。

（2）创建 test1 数据库表。

（3）添加数据至 test1 表。

（4）使用过滤器查询表中为 sku188 的数据信息。

（5）使用过滤器模糊查询哪些数据含有 88 字符。

(6)查询 c2 列下含有 88 字符的数据。
(7)查询包含 123 或 222 的数据。
(8)查询 Row Key 以 user1 开头的数据。
(9)查询结果集中只包含第一列的数据。

参考流程:详细流程参考示例代码 CORE0503 所示。

步骤	示例代码 CORE0503 过滤数据
1	[root@master ~]# start-hbase.sh [root@master ~]# hbase shell
2	hbase(main):001:0> create 'test1', 'lf', 'sf'
3	hbase(main):002:0> put 'test1', 'user1|ts1', 'sf:c1', 'sku1' hbase(main):003:0> put 'test1', 'user1|ts2', 'sf:c1', 'sku188' hbase(main):004:0> put 'test1', 'user1|ts3', 'sf:s1', 'sku123' hbase(main):005:0> put 'test1', 'user2|ts4', 'sf:c1', 'sku2' hbase(main):006:0> put 'test1', 'user2|ts5', 'sf:c2', 'sku288' hbase(main):007:0> put 'test1', 'user2|ts6', 'sf:s1', 'sku222'
4	hbase(main):008:0> scan 'test1', FILTER=>"ValueFilter(=,'binary:sku188')"
5	hbase(main):009:0> scan 'test1', FILTER=>"ValueFilter(=,'substring:88')"
6	hbase(main):010:0> scan 'test1', FILTER=>"ColumnPrefixFilter('c2') AND ValueFilter(=,'substring:88')"
7	hbase(main):011:0> scan 'test1', FILTER=>"ColumnPrefixFilter('s') AND (ValueFilter(=,'substring:123') OR ValueFilter(=,'substring:222'))"
8	hbase(main):012:0> scan 'test1', FILTER => "PrefixFilter ('user1')"
9	hbase(main):013:0> scan 'test1', FILTER=>"FirstKeyOnlyFilter() AND ValueFilter(=,'binary:sku188') AND KeyOnlyFilter()"

示例代码运行流程如图 5-9 所示。

```
hbase(main):001:0> create 'test1', 'lf', 'sf'
0 row(s) in 2.3300 seconds

=> Hbase::Table - test1
hbase(main):002:0> put 'test1', 'user1|ts1', 'sf:c1', 'sku1'
0 row(s) in 0.0760 seconds

hbase(main):003:0> put 'test1', 'user1|ts2', 'sf:c1', 'sku188'
0 row(s) in 0.0370 seconds

hbase(main):004:0> put 'test1', 'user1|ts3', 'sf:s1', 'sku123'
0 row(s) in 0.0180 seconds

hbase(main):005:0> put 'test1', 'user2|ts4', 'sf:c1', 'sku2'
```

```
0 row(s) in 0.0100 seconds

hbase(main):006:0> put 'test1', 'user2|ts5', 'sf:c2', 'sku288'
0 row(s) in 0.0200 seconds

hbase(main):007:0> put 'test1', 'user2|ts6', 'sf:s1', 'sku222'
0 row(s) in 0.0250 seconds

hbase(main):008:0> scan 'test1', FILTER=>"ValueFilter(=,'binary:sku188')"
ROW              COLUMN+CELL
 user1|ts2       column=sf:c1, timestamp=1520956040061, value=sku188
1 row(s) in 0.1810 seconds

hbase(main):009:0> scan 'test1', FILTER=>"ValueFilter(=,'substring:88')"
ROW              COLUMN+CELL
 user1|ts2       column=sf:c1, timestamp=1520956040061, value=sku188
 user2|ts5       column=sf:c2, timestamp=1520956062860, value=sku288
2 row(s) in 0.1480 seconds

hbase(main):010:0> scan 'test1', FILTER=>"ColumnPrefixFilter('c2') AND ValueFilter(=,'substring:88')"
ROW              COLUMN+CELL
 user2|ts5       column=sf:c2, timestamp=1520956062860, value=sku288
1 row(s) in 0.1890 seconds

hbase(main):011:0> scan 'test1', FILTER=>"ColumnPrefixFilter('s') AND ( ValueFilter(=,'substring:123') OR ValueFilter(=,'substring:222') )"
ROW              COLUMN+CELL
 user1|ts3       column=sf:s1, timestamp=1520956047795, value=sku123
 user2|ts6       column=sf:s1, timestamp=1520956069333, value=sku222
2 row(s) in 0.0690 seconds

hbase(main):012:0> scan 'test1', FILTER => "PrefixFilter ('user1')"
ROW              COLUMN+CELL
 user1|ts1       column=sf:c1, timestamp=1520956032761, value=sku1
 user1|ts2       column=sf:c1, timestamp=1520956040061, value=sku188
 user1|ts3       column=sf:s1, timestamp=1520956047795, value=sku123
3 row(s) in 0.0900 seconds

hbase(main):013:0> scan 'test1', FILTER=>"FirstKeyOnlyFilter() AND ValueFilter(=,'binary:sku188') AND KeyOnlyFilter()"
ROW              COLUMN+CELL
 user1|ts2       column=sf:c1, timestamp=1520956040061, value=
1 row(s) in 0.1420 seconds
```

图 5-9　数据过滤

更多过滤器操作扫描下面二维码即可体验。

HBase过滤器知识介绍了常用的过滤器及其使用方法，扫描右侧二维码了解更多过滤器知识。

技能点四　HBase 的 Python 库

1. HappyBase 库简介

HappyBase 是一个开发友好的 Python 库,用于与 Apache HBase 进行交互。HappyBase 旨在用于标准 HBase 设置,并为应用程序开发人员提供 Pythonic API,与 HBase 进行交互。

HappyBase 由 Connection、Table、Batch 和 ConnectionPool 组成,功能如下。

(1) Connection:应用程序开发者的主入口点,能够连接到 HBase Thrift 服务器并提供表管理的方法。

(2) Table:与表中数据进行交互的主类,提供了数据检索和数据操作的方法。这个类的实例可以使用 Connection.table() 方法获得。

(3) Batch:用于实现数据处理批次的 API,并且可通过 Table.batch() 方法实现。

(4) ConnectionPool:实现一个线程安全的连接池,允许应用程序(重新)使用多个连接。

2. HappyBase 使用方法

HappyBase 连接 HBase Thrift 服务器指令如示例代码 CORE0504 所示。

示例代码 CORE0504 HappyBase 连接 HBase Thrift 服务器

class happybase.Connection(host ='localhost', port = 9090, timeout = None, autoconnect = True, table_prefix = None, table_prefix_separator = b'_', compat ='0.98', transport ='buffered', protocol ='binary')

参数说明如下。

(1) 主机和端口参数指定的主机名由 HBase 服务器的 TCP 端口来连接。如果省略,由 None 连接到默认端口 localhost。如果指定,则 timeout 参数指定以毫秒为单位的套接字超时;

(2) 如果 autoconnect 为 True(默认),则直接进行连接,否则 Connection.open() 在首次使用前必须明确调用。

(3) table_prefix 和 table_prefix_separator 参数指定了一个前缀和一个分隔符字符串,以便在所有表名称前添加,例如何时 Connection.table() 被调用。如果 table_prefix 是 myproject,所有的表格都会有类似的名字 myproject_XYZ。

(4) compat 参数设置此链接的兼容级别。

(5) transport 参数指定要使用的 Thrift 传输模式。此参数支持的值是 buffered(默认值)和 framed。应确保选择正确,否则在建立链接时可能链接错误或程序挂起。

(6) protocol 参数指定要使用的 Thrift 传输协议。此参数支持的值是 binary(默认值)和 compact。应确保选择正确,否则在建立链接时可能链接错误或程序挂起。

HappyBase 库支持方法如表 5-11 所示。

表 5-11 HappyBase 库支持方法

方法	参数说明和注意事项	作用
close()	关闭底层的 Thrift 传输（TCP 连接）	关闭到 HBase 实例的解除传输
compact_table(name,major=False)	name（str）表示表名；major（布尔）表示是否执行重大压缩	压缩指定的表格
create_table(name, families)	families（字典）表示名称和选项每列家庭	创建一个表
delete_table(name,disable=False)	表格总是需要被禁用才能被删除，如果 disable 参数为 True，则此方法首先禁用该表，如果它尚未删除就删除它	删除指定的表格
disable_table(name)		禁用指定的表
enable_table(name)		启用指定的表
is_table_enabled(name)		返回是否启用指定的表
open()		打开 HBase 实例的底层传输
table(name,use_prefix=True)	use_prefix 参数指定是否将表前缀（如果有）预先添加到指定的名称	返回一个表格对象
cells(row,column,versions=None, timestamp=None, include_timestamp=False)	row（str）表示行键；column（str）表示列名称；versions（int）表示要检索的最大版本数；timestamp（int）表示 timestamp（可选）；include_timestamp（布尔）表示是否返回时间戳	从表格中检索单个单元格的多个版本
counter_get(row, column)		检索计数器列的当前值
delete(row, columns=None, timestamp=None, wal=True)	timestamp（int）表示 timestamp（可选）；wal（布尔）表示是否写入 WAL（可选）	从表中删除数据
put(row, data, timestamp=None, wal=True)	将数据存储在由行指定行的 data 参数中，该数据参数是字典映射列的值	将数据存储在表中
regions()		检索此表的区域
rows(rows, columns=None, timestamp=None, include_timestamp=False)	timestamp（int）表示 timestamp（可选）；include_timestamp（布尔）表示是否返回时间戳	检索多行数据
put(row, data, timestamp=None, wal=True)	row（str）表示行键；data（字典）表示要存储的数据；timestamp（int）表示 timestamp（可选）；bool（wal）表示是否写入 WAL（可选）	将数据存储在表中

续表

方法	参数说明和注意事项	作用
scan（row_start = None，row_stop = None，row_prefix = None，columns = None，filter = None，timestamp = None，include_timestamp = False，batch_size = 1000，scan_batching = None，limit = None，sorted_columns = False，reverse = False）	row_start（str）表示从（包括）开始的行键； row_stop（str）表示在（独占）行停止的行键； row_prefix（str）表示必须匹配的行键的前缀； columns（list_or_tuple）表示列列表（可选）； 过滤器（str）表示过滤器字符串（可选）； timestamp（int）表示 timestamp（可选）； include_timestamp（布尔）表示是否返回时间戳； batch_size（int）表示用于检索结果的批量大小； scan_batching（bool）表示服务器端扫描批处理（可选）； limit（int）表示要返回的最大行数； sorted_columns（bool）表示是否返回排序列； reverse（bool）表示是否执行反向扫描	表中的数据创建一个扫描器

3. Thrift 库

Thrift 是一个软件框架，允许创建跨语言绑定。在 HBase 的背景下，HBase Thrift 接口允许其他语言通过 Thrift 访问 HBase。Thrift 支持超过 14 种语言（包括 Java、C++、Python、PHP、Ruby 和 C#）绑定。

虽然 HBase Thrift API 可以使用 HBase Thrift 服务类从 Python 直接使用，但这样的应用程序代码非常冗长，写起来很麻烦，因此容易出错。原因在于 HBase Thrift API 是一个扁平的，与语言无关的接口，与通过线级协议的 RPC 紧密相关。由此选用 HappyBase 库进行详细查询，但还需使用 Thrift 提供的服务。

Thrift 库的使用，扫描下面二维码即可了解。

在这部分知识中介绍了使用Thrift库对HBase的操作，扫描右侧二维码了解更多有关Thrift库的知识。

4. 技能实施：Python HappyBase 库使用

1）实验目标

掌握 HappyBase 库使用命令，能够使用 HappyBase 支持方法对 HBase 数据库进行简单操作。

2）实验要求

独立完成 HappyBase 操作数据库实验过程，掌握 HappyBase 操作数据库基本命令。

3）实验步骤

（1）启动 HBase 服务。

（2）安装所需库。
（3）进入 Python 编辑模式。
（4）导入 HappyBase 工具库，并连接 HBase 服务。
（5）打开链接，并查看当前 HBase 下所有表。
（6）创建以 mytable 为名的表。
（7）向 mytable 表中插入三行数据，第一行 key 为 row1，列为 cf:col1，值是 value1；第一行 key 为 row1，列为 cf:col2，值是 value1-2；第二行 key 为 row2，列为 cf:col2，值是 value2；第三行 key 为 row3，列为 cf:col3，值是 value3。
（8）查询 row1 列数据。
（9）查询 mytable 表数据。
参考流程：详细流程参考示例代码 CORE0505 所示。

步骤	示例代码 CORE0505
1	[root@master ~]# start-hbase.sh
	[root@master ~]# /usr/local/hbase/bin/hbase-daemon.sh start thrift
2	[root@master ~]# pip install happybase
3	[root@master ~]#python
4	>>> import happybase
	>>> connection = happybase.Connection('192.168.10.130',timeout=500000)
5	>>> connection.open()
	>>> print(connection.tables())
	[b'mytable1']
6	connection.create_table(
	'mytable',
	{'cf': dict(max_versions=100),
	'cf1': dict(max_versions=1, block_cache_enabled=False),
	'cf2': dict(), # use defaults
	}
	)
	>>> table = connection.table(b'mytable')
7	>>> table.put(b'row1',{b'cf:col1':b'value1'})
	>>> table.put(b'row1',{b'cf:col2':b'value1-2'})
	>>> table.put(b'row2',{b'cf:col2':b'value2'})
	>>> table.put(b'row3',{b'cf:col3':b'value3'})
	>>> row = table.row(b'row1')

8	>>> print(row[b'cf:col1']) >>> print(row[b'cf:col2'])
9	>>> for key, data in table.scan(): ... print(key, data)

示例代码运行流程如图 5-10 所示。

```
[root@master ~]# python
Python 3.6.3 (default, Mar 18 2018, 23:22:32)
[GCC 4.8.5 20150623 (Red Hat 4.8.5-16)] on linux
Type "help", "copyright", "credits" or "license" for more information.
>>> import happybase
>>> connection = happybase.Connection('192.168.10.130',timeout=500000)
>>> connection.open()
>>> print(connection.tables())
[b'mytable1']
>>> connection.create_table(
...     'mytable',
...     {'cf': dict(max_versions=100),
...      'cf1': dict(max_versions=1, block_cache_enabled=False),
...      'cf2': dict(),  # use defaults
...     }
... )
>>> table = connection.table(b'mytable')
>>> table.put(b'row1',{b'cf:col1':b'value1'})
>>> table.put(b'row1',{b'cf:col2':b'value1-2'})
>>> table.put(b'row2',{b'cf:col2':b'value2'})
>>> table.put(b'row3',{b'cf:col3':b'value3'})
>>> row = table.row(b'row1')
>>> print(row[b'cf:col1'])
b'value1'
>>> print(row[b'cf:col2'])
b'value1-2'
>>> for key, data in table.scan():
...     print(key, data)
...
b'row1' {b'cf:col1': b'value1', b'cf:col2': b'value1-2'}
b'row2' {b'cf:col2': b'value2'}
b'row3' {b'cf:col3': b'value3'}
>>>
```

图 5-10　HappyBase 数据操作

任 务 实 施

在项目四任务实施所需指标统计完成后,把 Hive 清洗后的数据使用关联表和临时表转移至 HBase 数据库存储,使用 Python HappyBase 第三方库快速查询所需数据信息。

第一步：HBase 数据库设计如表 5-12 所示。

表 5-12　HBase 数据库设计

key	ColumnFamily :data	
	Column:ip	Column:url
atime	ip	url
……	……	……

第二步：启动 HBase 服务，并创建 HBase 表，如示例代码 CORE0506 所示，效果如图 5-11 所示。

示例代码 CORE0506 启动集群服务
[root@master ~]# start-hbase.sh [root@master ~]# /usr/local/hbase/bin/hbase-daemon.sh start thrift [root@master ~]# hbase shell hbase(main):001:0> create 'acelogdata','data'

```
[root@master python]# start-hbase.sh
starting master, logging to /usr/local/hbase/logs/hbase-root-master-master.out
Java HotSpot(TM) 64-Bit Server VM warning: ignoring option PermSize=128m; support was removed in 8.0
Java HotSpot(TM) 64-Bit Server VM warning: ignoring option MaxPermSize=128m; support was removed in 8.0
starting regionserver, logging to /usr/local/hbase/logs/hbase-root-1-regionserver-master.out
[root@master python]# /usr/local/hbase/bin/hbase-daemon.sh start thrift
starting thrift, logging to /usr/local/hbase/logs/hbase-root-thrift-master.out
[root@master python]# hbase shell
2018-03-22 18:43:14,766 WARN  [main] util.NativeCodeLoader: Unable to load native-hadoop library for your platform... using builtin-java classes where applicable
SLF4J: Class path contains multiple SLF4J bindings.
SLF4J: Found binding in [jar:file:/usr/local/hbase/lib/slf4j-log4j12-1.7.5.jar!/org/slf4j/impl/StaticLoggerBinder.class]
SLF4J: Found binding in [jar:file:/usr/local/hadoop/share/hadoop/common/lib/slf4j-log4j12-1.7.10.jar!/org/slf4j/impl/StaticLoggerBinder.class]
SLF4J: See http://www.slf4j.org/codes.html#multiple_bindings for an explanation.
SLF4J: Actual binding is of type [org.slf4j.impl.Log4jLoggerFactory]
HBase Shell; enter 'help<RETURN>' for list of supported commands.
Type "exit<RETURN>" to leave the HBase Shell
Version 1.2.6, rUnknown, Mon May 29 02:25:32 CDT 2017

hbase(main):003:0> create 'acelogdata','data'
0 row(s) in 2.2810 seconds

=> Hbase::Table - acelogdata
```

图 5-11　启动 HBase 集群服务

第三步：进入 Hive 命令模式，创建外部关联表，如示例代码 CORE0507 所示。

示例代码 CORE0507 创建外部关联表

```
hive> CREATE EXTERNAL TABLE hive_hbase (atime string,ip string,url string) STORED BY 'org.apache.hadoop.hive.hbase.HBaseStorageHandler' WITH SERDEPROPERTIES ("hbase.columns.mapping" = ":key,data:ip,data:url") TBLPROPERTIES("hbase.table.name" = "acelogdata");
OK
Time taken: 1.175 seconds
```

第四步：创建临时数据表，如示例代码 CORE0508 所示。

示例代码 CORE0508

```
hive> create table hive_hbase_tmp (atime string,ip string,url string) row format delimited fields terminated by '\t' lines terminated by '\n' stored as textfile;
OK
Time taken: 0.342 seconds
```

第五步：把项目三任务实施清洗后的数据添加至临时表，如示例代码 CORE0509 所示。

示例代码 CORE0509

```
hive> load data inpath '/acelog/output/' into table hive_hbase_tmp;
OK
Time taken: 2.277 seconds
```

第六步：将临时表中数据添加至关联表，如示例代码 CORE0510 所示，效果如图 5-12 所示。

示例代码 CORE0510

```
hive> insert into table hive_hbase select * from hive_hbase_tmp;
```

```
hive> insert into table hive_hbase select * from hive_hbase_tmp;
WARNING: Hive-on-MR is deprecated in Hive 2 and may not be available in the future versions. Consider using a different execution engine (i.e. spark, tez) or using Hive 1.X releases.
Query ID = root_20180322191734_4b159bcf-cafd-4933-91b3-f0a57fce3fcf
Total jobs = 1
Launching Job 1 out of 1
Number of reduce tasks is set to 0 since there's no reduce operator
Starting Job = job_1521766124481_0003, Tracking URL = http://master:8088/proxy/application_1521766124481_0003/
Kill Command = /usr/local/hadoop/bin/hadoop job  -kill job_1521766124481_0003
Hadoop job information for Stage-3: number of mappers: 1; number of reducers: 0
2018-03-22 19:18:17,449 Stage-3 map = 0%,  reduce = 0%
2018-03-22 19:18:50,937 Stage-3 map = 100%,  reduce = 0%, Cumulative CPU 19.42 sec
MapReduce Total cumulative CPU time: 19 seconds 540 msec
Ended Job = job_1521766124481_0003
```

```
MapReduce Jobs Launched:
Stage-Stage-3: Map: 1   Cumulative CPU: 19.54 sec   HDFS Read: 12647312 HDFS Write: 0 SUCCESS
Total MapReduce CPU Time Spent: 19 seconds 540 msec
OK
Time taken: 79.861 seconds
```

图 5-12　将临时表中数据添加至关联表

第七步：使用 HappyBase 查询当天数据，如示例代码 CORE0511 所示，效果如图 5-1 所示。

```
示例代码 CORE0511
[root@master ~]# start-hbase.sh
[root@master ~]# /usr/local/hbase/bin/hbase-daemon.sh start thrift
[root@master ~]# pip install happybase
[root@master ~]#python
>>> import happybase
>>> connection = happybase.Connection('192.168.10.130',timeout=500000)
>>> connection.open()
>>> table = connection.table(b'acelogdata')
>>> for key, data in table.scan(row_prefix=b'20180501'):
...     print(key, data)
```

本项目主要对分布式数据库 HBase 知识点进行了介绍，详细介绍了 HBase 的概念和架构设计；对 HBase 的专业语法进行了详细解释，同时对 HBase 的 Shell 命令和过滤器的使用规则加以举例说明，使用 Python 库管理和操作数据存储，帮助读者更好地了解 HBase，完成 Persona 项目中对清洗后的日志文件进行存储和查询的任务。

Tuple Iteration	数据迭代	Exists	存在
Row Key	行键	Column Family	列族
Time Stamp	时间戳	Master Election	选主进程

1. 选择题

（1）HBase 来源于哪篇技术博文。（　　）
A. The Google File System　　　　B. MapReduce
C. BigTable　　　　　　　　　　　D. Chubby

（2）HBase 依靠（　　）存储底层数据。
A. HDFS　　　B. Hadoop　　　C. Memory　　　D. MapReduce

（3）HBase 依赖于（　　）提供强大的计算能力。
A. ZooKeeper　　B. Chubby　　　C. RPC　　　　D. MapReduce

（4）HFile 数据格式中的 Data 字段用于（　　）。
A. 存储实际的 KeyValue 数据　　　B. 存储数据的起点
C. 指定字段的长度　　　　　　　　D. 存储数据块的起点

（5）关于 Row Key 设计的原则，下列选项中描述不正确的是（　　）。
A. 尽量保证越短越好　　　　　　　B. 可以使用汉字
C. 可以使用字符串　　　　　　　　D. 本身是无序的

2. 判断题

（1）MapReduce 与 HBase 的关系，两者不可或缺，MapReduce 是 HBase 可以正常运行的保证。（　　）

（2）行式数据库由于数据混在一起，没法对一个数组进行同一个简单函数的调用，所以其执行效率没有列式数据库高。（　　）

（3）HBase 中两种主要的数据读取函数是 get() 和 scan()，两者都支持直接访问数据和通过指定起止行键访问数据的功能。（　　）

（4）列式数据库由于每一列都是分开储存的。所以很容易针对每一列的特征运用不同的压缩算法，但是随着数据的增大，其压缩效率降低。（　　）

（5）HBase 分布式模式最好需要 5 个节点。（　　）

3. 简答题

（1）HBase 的特性有哪些？
（2）HBase 属于列式数据库，列式数据库都有哪些特点？
（3）HBase 是存储系统，它与 HDFS 有哪些区别？

项目六 数据迁移工具（Sqoop）

通过 Persona 项目数据导出至 MySQL 数据库操作，了解 Sqoop 基本概念和工作原理，掌握 Sqoop 的各种功能，熟练使用 Sqoop Shell 命令来实现传统数据库与 Hadoop 或 Hive 之间的数据传递，实现 Sqoop 数据迁移，对数据进行导入导出操作。在任务实现过程中：

➢ 了解 Sqoop 概念；
➢ 了解 Sqoop 的功能；
➢ 了解 Sqoop 的特点；
➢ 熟练使用 Sqoop Shell 进行数据迁移。

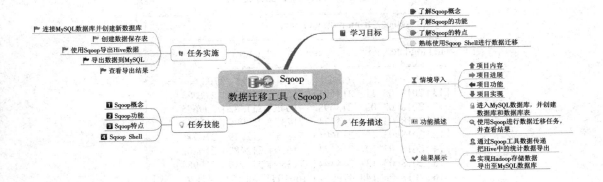

【情境导入】

Persona 项目的最终结果是使用可视化更加直观地将数据展示出来,但数据一般存储在 HDFS 或 HBase 中,因此需要将数据迁移至一款传统关系型数据库中,从而方便数据的调取。通过使用数据迁移工具 Sqoop,可以将清洗后的日志文件数据在关系型数据库和 HDFS 中相互迁移。本任务主要通过使用数据迁移工具 Sqoop,将 Persona 项目中清洗后的数据导至 MySQL 数据库。

【功能描述】

- 进入 MySQL 数据库,并创建数据库和数据库表;
- 使用 Sqoop 实现数据迁移任务,并查看结果。

【结果展示】

通过对本任务的学习,实现将 Hadoop 存储数据导至 MySQL 数据库。通过 Sqoop 工具数据传递,把 Hive 中的统计数据导至 MySQL 数据库,以方便直接查询和可视化展示,如图 6-1 和图 6-2 所示。

```
hive> select * from statistics_db_2018_05_01;
OK
2018_05_01    1331557 443296  1265795 1202301
Time taken: 0.222 seconds, Fetched: 1 row(s)
```

图 6-1　Hive 统计结果汇总

```
mysql> select * from pymodel_tec;
+----+------------+---------+---------+---------+---------+
| id | logdate    | pv      | reguser | ip      | jumper  |
+----+------------+---------+---------+---------+---------+
|  9 | 2013_05_31 |  165920 |      28 |   10219 |    3703 |
| 13 | 2018_03_11 |  214603 |   71579 |  212830 |  211063 |
| 10 | 2018_03_08 |  213098 |   71045 |  211382 |  209675 |
| 11 | 2018_03_09 |  214724 |   71737 |  212999 |  211283 |
| 12 | 2018_03_10 |  214601 |   71811 |  212749 |  210911 |
| 14 | 2018_03_12 |  214173 |   71680 |  212482 |  210802 |
| 15 | 2018_03_13 |  214464 |   71389 |  212719 |  210984 |
| 16 | 2018_03_14 |  479617 |  160104 |  460154 |  441268 |
| 17 | 2018_03_15 |  430070 |  142970 |  414182 |  398693 |
| 18 | 2018_05_01 | 1331557 |  443296 | 1265795 | 1202301 |
+----+------------+---------+---------+---------+---------+
10 rows in set (0.00 sec)
```

图 6-2　MySQL 数据信息

技能点一 Sqoop 概念

1.Sqoop 简介

Sqoop(SQL-to-Hadoop)项目开始于 2009 年,最早作为 Hadoop 的一个第三方模块存在,后来为了让使用者能够快速部署,也为了让开发人员能够更快速地迭代开发,Sqoop 独立成为一个 Apache 项目。

Sqoop 是一款开源的数据迁移工具,主要用于 Hadoop 或 Hive 与传统数据库(MySQL、PostgreSQL 等)之间进行数据的传递,可以将一个关系型数据库(如 MySQL,Oracle,PostgreSQL 等)中的数据导入到 Hadoop 的 HDFS 中,也可以将 HDFS 的数据导出到关系型数据库中,如图 6-3 所示。对于某些 NoSQL 数据库,Sqoop 也提供了连接器。Sqoop 类似于其他 ETL 工具,使用元数据模型来判断数据类型,并在数据从数据源转移到 Hadoop 的过程中确保类型安全的数据处理。Sqoop 专为大数据批量传输而设计,能够分割数据集并创建 Hadoop 任务来处理每个区块,它主要解决的是传统数据库和 Hadoop 之间数据的迁移问题。

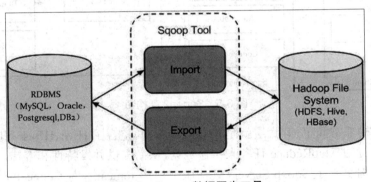

图 6-3 Sqoop 数据同步工具

2.Sqoop 版本对比

Sqoop 是一款能够方便地在传统数据库与 Hadoop 之间进行数据迁移的工具,充分利用 MapReduce 的并行特点,以批处理的方式加快数据传输,发展至今主要演化了两大版本,即 Sqoop1 和 Sqoop2。

Sqoop1 与 Sqoop2 的架构如图 6-4 和图 6-5 所示。

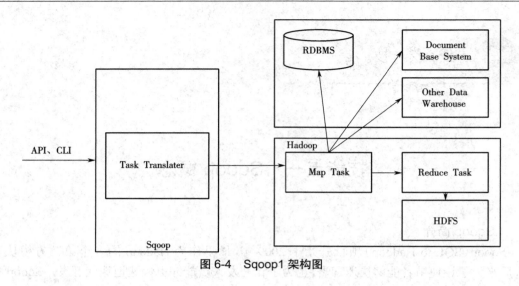

图 6-4　Sqoop1 架构图

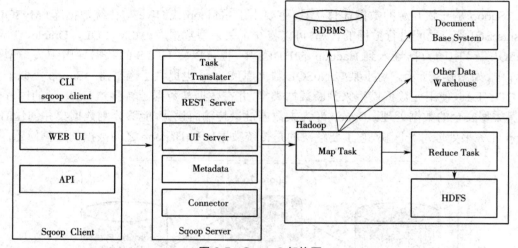

图 6-5　Sqoop2 架构图

Sqoop1 架构非常简单，其底层就是 MapReduce，其整合了 Hive、HBase 和 Oozie，客户端接收到数据后，通过 MapReduce 任务来传输数据，从而提供并发特性和容错。

Sqoop2 架构引入了 Sqoop Server（具体服务器为 tomcat），对 Connector 实现了集中管理，访问方式多样化，可以通过 REST API、JAVA API、WEB UI 以及 CLI 控制台方式进行访问。另外，其在安全性能方面也有了一定的改善。

Sqoop2 体系结构比 Sqoop1 复杂，被设计用来解决 Sqoop1 存在的诸多问题。与 Sqoop1 相比，Sqoop2 在易用性、可扩展性和安全性方面都有很大改进，如表 6-1 所示。

表 6-1　Sqoop1 和 Sqoop2 对比

比较	Sqoop1	Sqoop2
版本	1.4.x	1.99.x
架构	仅仅使用一个 Sqoop 客户端	引入了 Sqoop Server 集中化管理 Connector 以及 REST API，WEB，UI，并引入权限安全机制
部署	部署简单，安装需要 root 权限，Connector 必须符合 JDBC 模型	架构稍复杂，配置部署更烦琐
使用	命令行方式容易出错，格式紧耦合，无法支持所有数据类型，安全机制不够完善，存在密码暴露隐患	多种交互方式、命令行、WEB UI，REST API，Connector 集中化管理，所有的连接安装在 Sqoop Server 上，完善权限管理机制，Connector 规范化，仅仅负责数据的读写

由于 Sqoop1 的架构仅使用一个 Sqoop 客户端，部署简单，所以本项目中统一使用 Sqoop1 来进行数据迁移。

3. Sqoop 执行流程

Sqoop 项目旨在协助 RDBMS 与 Hadoop 进行高效的大数据交流。用户可以在 Sqoop 的帮助下，轻松地把关系型数据库的数据导入到 Hadoop 和与其相关的系统（如 HBase 和 Hive）中；也可以把 Hadoop 系统里的数据导出到关系型数据库里。因此，可以说 Sqoop 就是一个桥梁，连接了关系型数据库与 Hadoop。Sqoop 中一大亮点就是可以通过 Hadoop 的 MapReduce 把数据从关系型数据库中导入到 HDFS，通过 MapReduce 任务来传输数据，从而提供并发特性和容错。

1）Import 流程

Sqoop 导入 MySQL 数据库到 Hive 的流程会运行一个 MapReduce 作业，该作业自动连接 MySQL 数据库并读取表中的数据。该作业并行使用 4 个 map 任务来加速导入过程，每个任务都将所导入的数据写到单独的文件内，但所有文件都在一个目录内。导入的数据是以逗号为分隔的文本文件。如果导入数据的字段内存在逗号分隔符，则需另外指定分隔符。同时，Sqoop 和 Hive 共同构成一个强大的服务，用于分析任务，在进行导入时，Sqoop 可以生成 Hive 表，将数据导入 Hive 表，其命令为：Sqoop import –connect jdbc:mysql://localhost/hadoopguide –table widgets –m 1 –hive-import，具体的工作流程如图 6-6 所示。

数据读取的大致流程如下。

（1）读取要导入数据的表结构，生成运行类默认是 QueryResult，打成 jar 包，提交给 Hadoop。

（2）设置 Job，主要设置 Sqoop 的各个参数。

① InputFormatClass: 设置输入格式。

② OutputFormatClass: 设置输出格式，包括文本、SequenceFile 和 AvroDataFile 三种格式。

③ Mapper: 设置执行 MapReduce 任务的 Mapper 类。

④ TaskNumber: 设置执行 MapReduce 的并行任务。

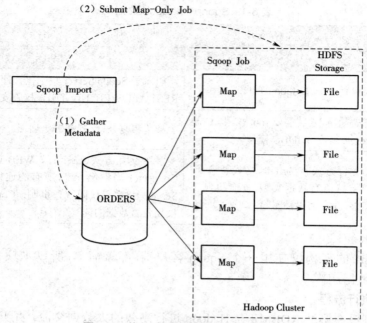

图 6-6 从关系型数据库到 Hive/HBase

（3）由 Hadoop 的 MapReduce 来执行 Import 命令，步骤如下：
① 对数据进行切分，也就是 DataSplit；
② 读取切分好的范围和写入范围；
③ 创建 RecordReader，从数据库中读取数据；
④ 创建 Map；
⑤ RecordReader 逐行从关系型数据库中读取数据，设置好 Map 的 Key 和 Value，交给 Map；
⑥ 运行 Map。

（4）最后生成的 Key 是行数据，由 QueryResult 生成，Value 是 NullWritable.get()。

2）Export 流程

Sqoop 导出功能与其导入功能十分相似，在执行导出操作之前，Sqoop 一般使用 JDBC 连接数据库并选择一个导出方法，Sqoop 会根据目标的定义生成一个 JAVA 类，通过这个生成类从文本文件中解析记录，接着会启动一个 MapReduce 作业，从 HDFS 中读取源数据文件，使用生成的类解析记录执行选定的导出方法。JDBC 的导出方法会产生一批 Insert 语句，每条语句都会向目标中插入多条记录。Sqoop 还可以将存储在 SequenceFile 中的记录导出到输出表。Sqoop 从 SequenceFile 中读取对象，发送到 OutPutCollector，由它将这些对象传递给数据库导出 OutPutFormat()，由 OutPutFormat() 完成输出到表的过程。Sqoop 从 HDFS 导出到关系型数据库的过程如图 6-7 所示。

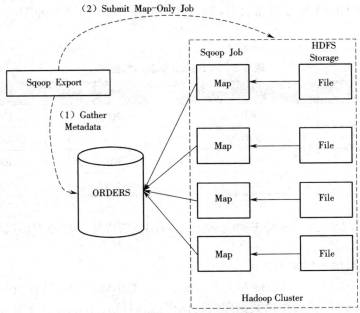

图 6-7　从 Hive/HBase 到关系型数据库

具体过程如下：
（1）Sqoop 与数据库 Server 通信，获取数据库表的元数据信息；
（2）将 Hadoop 上的文件划分成若干个 Split（片）；
（3）每个 Split 由一个 Map 进行数据导入至 MySQL 数据库。

技能点二　Sqoop 功能

1. Sqoop 连接器

Sqoop 可以使用专门的连接器连接拥有优化导入导出基础设施的外部系统或者不支持本地 JDBC 的工具。连接器是插件化组件，基于 Sqoop 的可扩展框架，可以添加到任何 Sqoop 框架上。连接器设置完毕后，Sqoop 可以使用它在 Hadoop 和连接器支持的外部仓库之间进行高效的数据传输。

Sqoop 支持各种常用数据库，如 MySQL、Oracle、PostgreSQL、SQLServer 和 DB2 等。它支持 MySQL 和 PostgreSQL 数据库的快速路径连接器（专门的连接器用来实现批次传输数据的高吞吐量）。Sqoop 也包含一般的 JDBC 连接器，用于连接通过 JDBC 连接的数据库，许多公司会开发自己的连接器插入到 Sqoop 中，以从专门的企业仓库连接到 NoSQL 数据库。

Sqoop 架构简单，通过 MapReduce 任务来传输数据，从而提供并发特性和容错。Sqoop 集成了工作流程协调的 Apache Oozie，定义安排和自动导入 / 导出任务。

Sqoop 主要通过 JDBC 和关系型数据库进行交互。理论上支持 JDBC 的 database 都可以使用 Sqoop 和 HDFS 进行数据交互,但只有一小部分经过了 Sqoop 官方测试,具体如表 6-2 所示。

表 6-2 与 Sqoop 交互的数据库

Database	Version	-direct support	Connect string
HSQLDB	1.8.0+	No	jdbc:hsqldb:*//
MySQL	5.0+	Yes	jdbc:mysql:*//
Oracle	10.2.0+	No	jdbc:oracle:*//
PostgreSQL	8.3+	Yes	jdbc:postgresql://

出于对性能的考虑,Sqoop 提供了不同于 JDBC 的快速存取数据的机制,可以通过使用 -director 实现。

2.Sqoop 提供的数据密码方式

Sqoop 是一个用于将 Hadoop 和关系型数据库(RDBMS)中的数据进行导入导出的工具。在使用 Sqoop 时,需要提供数据库的访问密码。目前,Sqoop 共支持 4 种输入密码的模式。

1)明文模式

明文模式是最为简单的方式,可以在执行 Sqoop 命令时使用 --password 参数,也可以直接在命令行中输入密码来访问数据库。

由于在命令行中输入明文的数据库密码,可能带来密码泄露的风险。设想一下,假设有某个不怀好意的"黑客"侵入了你的服务器,只要敲一下"history"命令,就可以看到上次输的命令,也理所当然地可以看到数据库的密码。所以,尽量不要采用这种方式。

2)交互模式

交互模式是一种常用的提供密码的方式,在执行 Sqoop 命令时加上 -P 参数,按下回车之后,终端会提示输入密码。

这种方式比较适合在命令行中做一些简单的测试,因为它需要人为输入密码(交互式),所以只能在终端下执行,不会有泄漏密码的风险,因为没有人能够看到密码,只有 Sqoop 程序知道。如果要在某些后台服务中(如 Oozie)执行 Sqoop 脚本的话,需要采用其他方式。

3)文件模式

文件模式不需要人为输入密码,比明文模式更加安全,常用在后台定时执行 Sqoop 脚本的场景。

首先需要建立一个文件来保存密码,如存储在 .mysql.password 文件中。这里需要注意,不能用 vim 来创建该文件,因为 vim 会自动在文件的最后加上一个换行符,而 Sqoop 会读取到换行符,所以会将含有换行符的密码提交给数据库,导致密码错误。不过可以利用 "echo-n" 命令来避免末尾换行符的出现,然后将该文件指定为当前用户具有可读权限,访问权限设置为 400,最后在执行 Sqoop 命令时通过 --password-file 参数来指定密码文件所在的路径,也可以指定位于 HDFS 的密码文件,只要指定路径时将 "file" 更换成 "hdfs" 即可。

文件模式也不是最安全的,密码还是以明文的形式存储在文件中,只要其他人能够读取到该文件的内容,就能获取到密码。

4)别名模式

别名模式可以完美解决文件模式里明文存储密码的问题。从 Sqoop1.4.5 开始,Sqoop 支持使用在 Java keystore 中存储的密码,无须在文件中以明文模式存储密码。

首先使用 hadoop credential create [alias_name] -provider [hdfs_location] 命令(该命令在 hadoop 2.6.0 之后才有)在 keystore 中创建密码以及密码别名。在 Enter alias password 后面输入数据库的密码。执行完后,程序在 HDFS 的 /user/password/ 下创建了一个 mysql.pwd.jceks 文件,而且 mysql.pwd.alias 就是密码别名,可以使用 mysql.pwd.alias 来代替真实的数据库密码。在执行 Sqoop 命令时,可以使用 --password-alias 参数,参数的值就是刚才指定的密码别名。

打开 mysql.pwd.jceks 文件,只能看到一片乱码,这就说明别名模式很好地隐藏了真实的数据库密码。

表 6-3 是四种 Sqoop 提供的数据库密码模式指令。

表 6-3　Sqoop 密码模式指令

密码模式	指令
明文模式	sqoop list-databases --connect jdbc:mysql://your_mysql_host --username your_mysql_username --password your_mysql_password
交互模式	sqoop list-databases --connect jdbc:mysql://your_mysql_host --username your_mysql_username -P
文件模式	echo -n "your_mysql_password" > /home/xxx/.mysql.password chmod 400 /home/xxx/.mysql.password sqoop list-databases --connect jdbc:mysql://your_mysql_host --username your_mysql_username --password-file file:///home/xxx/.mysql.password
别名模式	hadoop credential create mysql.pwd.alias -provider jceks://hdfs/user/password/mysql.pwd.jceks

技能点三　Sqoop 特点

1.Sqoop 的容错

Sqoop 本身的容错依赖于 Hadoop,这里重点关注 Sqoop 传输任务失败的处理,准确地说是 Sqoop 如何解决传输任务失败引发的数据一致性问题。对于一个传输任务,将数据从甲传输到乙,如果这个传输任务失败,甲和乙都应该和传输开始之前的状态一致。

Sqoop 的传输作业采用 MapReduce Job 方式,一个 Job 有多个并行执行传输作业的 MapReduce Task 和外部数据库进行数据传输,有很多原因可以导致个别 Task 失败,例如:

(1)违反数据库约束；
(2)数据库连接丢失；
(3)Hadoop 机器硬件问题；
(4)由于分隔符等原因，传输的列数和表的列数不一致。

以上任何一个环节出现问题，都会导致整个传输 Job 失败，而这可能会导致数据出现不一致情况。

一个传输任务由多个 Task 并行执行，每个 Task 本身是一个转换过程，当其中一个 Task 失败，此转换过程会回滚，但其他的转换过程不会回滚，导致非常严重的"脏数据"问题。

对于 Sqoop Import 任务，由于 Hadoop CleanUp Task 的存在，不会有脏数据产生。Sqoop Export 任务则提供了一个"中间表"的解决办法，即传输过程中先将数据写入到中间表，写入中间表成功，在一个转换过程中将中间表的数据写入目标表。

使用中间表的设计方法很好，但带来一个问题，即如果要导入一份数据到数据库，需要建一个"伴身表"，如果传输工具需要通用化，这个建"伴身表"的操作就需要集成到整个传输工具中，而将"建表"工作外放，数据库管理员可能会极力阻止。

总而言之，对于一个传输工具或平台，传输任务失败不可怕，可怕的是"脏数据"问题。如何处理这些"脏数据"，Sqoop 提供了以下 3 种解决方案。

(1)临时表：使用临时表缓存数据，然后在一个 transaction 中将临时表的数据 move 到目的表。
(2)自定义回滚：通过用户自定义的语句或方法，在任务失败后，执行清除数据操作。
(3)传输任务的幂等性：如果一个任务失败，产生"脏数据"，解决问题后再次运行，能够最终正确，例如 Hive 写入使用 INSERT OVERWRITE。

2.Sqoop 与传统 ETL 工具的比较

Sqoop 作为一款开源的数据传递工具，主要用于在 Hadoop(Hive) 与传统的数据库 (MySQL、PostgreSQL 等)间进行数据的传递。Sqoop 类似于其他 ETL 工具，使用元数据模型来判断数据类型，但 Sqoop 和传统的 ETL 工具又有区别。

ETL（Extraction-Transformation-Loading）中文名为数据抽取、转换和加载。ETL 负责将分布的、异构数据源中的数据如关系数据、平面数据文件等抽取到临时中间层后进行清洗、转换、集成，最后加载到数据仓库或数据集中，作为联机分析处理、数据挖掘的基础。ETL 是 BI（商业智能）项目最重要的一个环节，通常情况下 ETL 会用掉整个项目的 1/3 时间，ETL 设计的好坏直接关联到 BI 项目的成败。ETL 也是一个长期的过程，只有不断地发现问题并解决问题，才能使 ETL 运行效率更高，为项目后期开发提供准确的数据。

下面从多个方面将 Sqoop 与传统 ETL 工具进行对比，具体内容如表 6-4 所示。

表 6-4 Sqoop 与 ETL 工具对比

对比	Hadoop Sqoop	ETL 工具
对应的名词解释	Sqoop 是一个用来将 Hadoop 和关系型数据库中的数据相互转移的开源工具,可以将一个关系型数据库(如 MySQL、Oracle 等)中的数据导入到 Hadoop 的 HDFS 中,也可以将 HDFS 的数据导入到关系型数据库	负责数据仓库的数据抽取、转换和加载,ETL 负责将分布的、异构数据源中的数据如关系数据、平面数据文件等抽取到临时中间层后进行清洗、转换、集成,最后加载到数据仓库或数据集中,成为联机分析处理、数据挖掘的基础
数据抽取的特征比较	Sqoop 主要是通过 JDBC 和关系型数据库进行交互,理论上支持 JDBC 的 database 都可以使用 Sqoop 和 HDFS 进行数据交互,它是为 Hadoop 的大数据体系提供数据的工具	ETL 工具经过多年的发展,已经形成了多个相对成熟的产品体系,其服务对象主要是传统的数据仓库体系,ETL 工具的典型代表有 Informatica、Datastage、OWB、微软 DTS 等
与 Hadoop 体系的集成	Sqoop 工具属于 Hadoop 体系中的一个子项目,整合了 Hadoop 的 Hive 和 HBase 等,抽取的数据可以直接传输至 Hive 中,且无须做复杂的开发编程等工作	对于 Hadoop 体系来说,ETL 工具属于外部工具,如果需要将数据抽取至 Hadoop 的 Hive 中,则需要进行相应的技术开发,开发与 Hive 的相关接口,以打通与 Hive 的数据传输工作
数据抽取容错性比较	在数据抽取的过程中产生的错误或者数据遗漏,可以通过捕获错误日志进行错误收集和分析;其人机操作界面,没有 ETL 工具的可操作性和可视性高,需要技术人员编程进而实现日志分析	对于传统的数据仓库来说,ETL 工具经过多年的发展已经比较成熟,人机交互的可操作性和可视性较高,对于数据抽取过程中出现的错误可以比较直观的查看,不需要太多的编程开发
产品的价格比较	属于开源项目,不需要软件的许可费用,企业可以免费使用	企业需要每年缴纳 ETL 产品的许可费用

技能点四 Sqoop Shell

Sqoop 可以在 HDFS/Hive 和关系型数据库之间进行数据的导入导出,其中主要使用 Import 和 Export 两个工具。这两个工具非常强大,提供了很多选项帮助完成数据的迁移和同步,如下面两个潜在的需求。

(1)业务数据存放在关系数据库中,如果数据量达到一定规模后需要对其进行分析或统计,仅使用关系数据库或许不能满足存储要求,这时可以将数据从业务数据库导入(Import)到 Hadoop 平台进行离线分析。

(2)对大规模的数据,在 Hadoop 平台上进行分析以后,可能需要将结果同步到关系型数据库中作为业务的辅助数据,这时需要将 Hadoop 平台分析后的数据导出(Export)到关系数据库。

1. Sqoop 命令介绍

Sqoop 中常用的命令包括 Import 和 Export 的基本命令、查看数据库的相关信息等，常用命令如表 6-5 所示。

表 6-5 Sqoop 常用命令

命令	功能
Import	将数据从关系型数据库导入到 HDFS
Export	将数据从 HDFS 导出到关系型数据库
Codegen	从数据库中得到部分表，并生成对应 JAVA 文档、打包成 jar
Create-hive-table	创建一个 Hive 表
Eval	检查 SQL 指令的结果
Import-all-tables	从一些数据库中导出所有表到 HDFS 中
Job	Job 设置
List-databases	列出所有数据库的名称
List-tables	列出一些数据库中所有表的名称
Merge	增量导入合并结果
Metastore	运行一个独立的 Sqoop metastore
Help	帮助功能
Version	检查版本号

2. Sqoop 通用参数

Sqoop 的通用参数主要是针对关系型数据库连接的一些参数，包括对版本的查看、用户名和密码的设定等，通用参数如表 6-6 所示。

表 6-6 Sqoop 通用参数

通用参数	说明
--connect<jdbc-uri>	指定 JDBC 连接字符串
--connection-manager<class-name>	指定使用的 connection-manager
--driver <class-name>	手动指定使用的 JDBC driver
--hadoop-home<dir>	覆写 $HADOOP_HOME
--help	打印帮助指令
--p	从控制台读取密码
--password<password>	设定认证密码
--username<username>	设定认证用户
--verbose	在运行时打印更多的东西
--connection-param-file<filename>	可选的属性文件，提供更多的连接参数

3. 数据导入工具 Import

Import 工具将 HDFS 平台外部结构化存储系统中的数据导入到 Hadoop 平台,便于后续分析。Import 工具的基本选项及其含义如表 6-7 所示。

表 6-7 Import 参数介绍

选项	含义说明
--append	将数据追加到 HDFS 上一个已经存在的数据集上
--as-avrodatafile	将数据导入到 Avro 数据文件
--as-sequencefile	将数据导入到 SequenceFile
--as-textfile	将数据导入到普通文本文件(默认)
--boundary-query<statement>	边界查询,用于创建分片(InputSplit)
--columns<col,col,col…>	从表中导出指定的一组列的数据
--delete-target-dir	如果指定目录存在,则先删除掉
--direct	使用直接导入模式(优化导入速度)
--direct-splite-size<n>	分隔输出 stream 的字节大小(在直接导入模式下)
--fetch-size<n>	从数据库中批量读取记录数
--inline-lob-limit<n>	设置内联的 LOB 对象的大小
-m,--num-mappers<n>	使用 n 个 map 任务并行导入数据
-e,--query<statement>	导入的查询语句
--split-by<columns-name>	指定按照哪个列去分割数据
--table<table-name>	导入的原表表名
--target-dir<dir>	导入 HDFS 的目标路径
--warehouse-dir<dir>	HDFS 存放表的根路径
--where<where clause>	指定导出时所使用的查询条件
-z,--compress	启用压缩
--compression-code<c>	指定 Hadoop 的 code 方式(默认 gzip)
-null-string<null-string>	如果指定列为字符串类型,使用指定字符串替换为 null 的该类列的值
--null-non-string<null-string>	如果指定列为非字符串类型,使用指定字符串替换为 null 的该列的值

数据导入 Import 的特性如下:
(1)支持文本文件、Avro、SequenceFile 格式,默认为文本;
(2)支持数据追加,通过 append 指定;
(3)支持 table 列选取(column),支持数据选取(where、join);
(4)支持 Map 任务数定制和数据压缩;
(5)提供参数将关系型数据库中的数据导入到 HBase,且分两步;
(6)导入数据到 HDFS;

(7)调用 HBase put 操作逐行将数据写入表。

4. 数据导出工具 Export

Export 工具将 HDFS 平台的数据导出到外部的结构化存储系统中,可以为一些应用系统提供数据支持。Export 工具的基本选项及其含义如表 6-8 所示。

表 6-8 Export 参数介绍

选项	含义说明
--validata<class-name>	启用数据副本验证功能,仅支持单表拷贝,可以指定验证
--validation-threshold<class-name>	指定验证门限所使用的类
--direct	使用直接导出模式(优化速度)
--export-dir<dir>	导出过程中 HDFS 源路径
-m,--num-mappers<n>	使用 n 个 map 任务并行导出
--table<table-name>	导出的目的表名称
--call<store-proc-name>	导出数据调用的指定存储过程名
--updata-key<col-name>	更新参考的列名称,多个列名使用逗号分隔
--updata-mode<mode>	指定更新策略,包括 updataonly(默认)、allowinsert
--input-null-string<null-string>	使用指定字符串,替换字符串类型值为 null 的列
--input-null-non-string<null-string>	使用指定字符串,替换非字符串类型值为 null 的列
--staging-table<staging-table-name>	在数据导出到数据库之前,数据临时存放的表名称
--clear-staging-table	清除工作区中临时存放的数据
--batch	使用批量模式导出

数据导出 Export 的特性如下:

(1)支持将数据导出到表或者调用存储过程;

(2)支持 Insert、update 模式;

(3)支持并发控制。

5. 增量备份

一般情况下,关系型数据表存在线上的备份环境,需要每天进行数据导入。如果数据表较大,通常不可能每次都进行全表导入,而 Sqoop 提供了增量导入数据的机制。

增量导入主要由三个参数控制,具体如表 6-9 所示

表 6-9 控制增量参数

参数指令	参数解释
--check-column(col)	当判断哪些行要被导入时需要检查的列
--incremental(mode)	用来指定增量导入的模式,两种模式分别为 Append 和 Lastmodified
--last-value	指定上一次导入中检查列指定字段的最大值

更多增量导入知识扫描下面二维码可即刻了解。

通过对Sqoop知识的学习以及对数据迁移有了一定的了解，扫描右侧二维码了解更多数据迁移知识。

6. 技能实施：Sqoop 数据迁移

1）实验目标

在学习 Sqoop 的相关知识后，通过对 Sqoop 中 Import 和 Export 命令的实践，让同学们理解数据迁移过程的逻辑，掌握数据迁移的过程以及操作。

2）实验要求

独立完成数据库表的创建与数据迁移操作，并进一步使用之前所学知识完成 Hive 操作及 Sqoop 数据迁移实验。

3）实验步骤

（1）启动 Hadoop 所有进程。
（2）进入 MySQL 数据库。
（3）创建一个名为 mydatabase 的数据库。
（4）在 mydatabase 数据库中创建一个名为 dept 的表。
（5）向表中插入具体内容。
（6）使用 Sqoop 命令查看 MySQL 中所有的数据库。
（7）使用 Sqoop 命令把 mydatabase 数据库的 dept 表导入到 HDFS 中。
（8）使用 HDFS 命令查看刚刚导入的数据。
（9）在 MySQL 中创建一个名为 test_db 的数据库。
（10）在数据库 test_db 中创建名为 users 和 tags 的表。
（11）向两个表中添加具体内容。
（12）在 HDFS 上创建一个名为 mydatabase 的目录。
（13）在 Hive 中创建两个同样的表。
（14）使用 Sqoop 的 Import 工具，将 MySQL 表中的数据导入到 Hive 表中。
（15）在 Hive 中创建一个用来存储 users 和 tags 关联后数据的表。
（16）将 users 表和 tags 表的数据合并到 user_tags 表。
（17）将 users.id 与 tags.id 拼接的字符串作为新表的唯一字段 id，name 是用户名，tag 是标签名称，再在 MySQL 中创建一个对应的 user_tags 表。
（18）使用 Sqoop 的 Export 工具，将 Hive 表 user-tags 的数据同步到 MySQL 表 usertags 中。
（19）在 MySQL 的 user_tags 表中看到对应的数据。

参考流程：详细流程参考示例代码 CORE0601 所示。

步骤	示例代码 CORE0601 Sqoop 数据迁移
1	[root@master ~]# start-all.sh
2	[root@master ~]# mysql -u root –p
3	mysql> create database mydatabase; mysql> use mydatabase;
4	mysql> create table dept (did int ,dname varchar(30));

5	mysql> insert into dept(did,dname) values (1,'7-11');
	mysql> insert into dept(did,dname) values (2,'KFC');
	mysql> insert into dept(did,dname) values (3,'datieshao');

6	[root@master ~]# sqoop list-databases --connect jdbc:mysql://master:3306/ --username root --password 123456
7	[root@master ~]# sqoop import --connect jdbc:mysql://master:3306/mydatabase --username root --password 123456 --table dept -m 1
	[root@master ~]# hadoop fs -ls /user/root/dept
8	[root@master ~]# hadoop fs -cat /user/root/dept/part-m-00000
9	[root@master~]#mysal-vroot-l mysql> create database test_db;mysql> use test_db;
10	mysql> create table users(id int primary key AUTO_INCREMENT,name varchar(30));

11	mysql> create table tags(id int primary key AUTO_INCREMENT,users_id int,tag varchar(30));
	mysql> insert into users(name) values ('peter');
	mysql> insert into users(name) values ('kate');
	mysql> insert into users(name) values ('one');
	mysql> insert into tags(users_id,tag) values(1,'music');

12	mysql> insert into tags(users_id,tag) values(2,'ukelili');
13	mysql> insert into tags(users_id,tag) values(3,'piano');
	[root@master ~]# hadoop dfs -mkdir /mydatabase/
14	hive> create table users(id int, name String); hive> create table tags(id int , users_id int,tag string);
15	[root@master ~]# sqoop import --connect jdbc:mysql://192.168.10.99:3306/test_db --table users --username root -P --hive-import -- --default-character-set=utf-8
16	[root@master ~]# sqoop import --connect jdbc:mysql://192.168.10.99:3306/test_db --table tags --username root -P --hive-import -- --default-character-set=utf-8
	hive> create table user_tags(id string ,name string ,tag string);
17	hive> FROM users u JOIN tags t ON u.id=t.users_id INSERT INTO TABLE
18	user_tags SELECT CONCAT(CAST(u.id AS STRING), CAST(t.id AS STRING)),

19	u.name, t.tag; mysql> create table user_tags(id varchar(50),name varchar(50),tag varchar(50)); [root@master ~]# sqoop export --connect jdbc:mysql://192.168.10.99:3306/test_db --username root --P --table user_tags --export-dir /usr/hive/warehouse/user_tags --input-fields-terminated-by '\001' -- --default-character-set=utf-8 mysql> select * from user_tags;

示例代码结果如图 6-8 所示。

```
[root@master ~]# mysql -u root -p
Enter password:
Welcome to the MySQL monitor.  Commands end with ; or \g.
Your MySQL connection id is 59
Server version: 5.7.21

Copyright (c) 2000, 2018, Oracle and/or its affiliates. All rights reserved.

Oracle is a registered trademark of Oracle Corporation and/or its
affiliates. Other names may be trademarks of their respective
owners.

Type 'help;' or '\h' for help. Type '\c' to clear the current input statement.
mysql> create database mydatabase;
Query OK, 1 row affected (0.00 sec)
mysql> use mydatabase;
Database changed
mysql> create table dept (did int ,dname varchar(30));
Query OK, 0 rows affected (0.01 sec)

mysql> insert into dept(did,dname) values (1,'7-11');
Query OK, 1 row affected (0.00 sec)

mysql> insert into dept(did,dname) values (2,'KFC');
Query OK, 1 row affected (0.00 sec)

mysql>  insert into dept(did,dname) values (3,'datieshao');
Query OK, 1 row affected (0.00 sec)
[root@master ~]# sqoop list-databases --connect jdbc:mysql://localhost:3306/ --username root --password 123456
Warning: /usr/local/sqoop/../hcatalog does not exist! HCatalog jobs will fail.
Please set $HCAT_HOME to the root of your HCatalog installation.
Warning: /usr/local/sqoop/../accumulo does not exist! Accumulo imports will fail.
Please set $ACCUMULO_HOME to the root of your Accumulo installation.
18/03/17 09:41:42 INFO sqoop.Sqoop: Running Sqoop version: 1.4.6
18/03/17 09:41:42 WARN tool.BaseSqoopTool: Setting your password on the command-line is insecure. Consider using -P instead.
18/03/17 09:41:43 INFO manager.MySQLManager: Preparing to use a MySQL streaming resultset.
Sat Mar 17 09:41:43 EDT 2018 WARN: Establishing SSL connection without server's identity verification is not recommended. According to MySQL 5.5.45+, 5.6.26+ and 5.7.6+ requirements SSL connection must be established by default if explicit option isn't set. For compliance with existing applications not using SSL the verifyServerCertificate property is set to 'false'. You need either to explicitly disable SSL by setting useSSL=false, or set useSSL=true and provide truststore for server certificate verification.
information_schema
```

```
hive_metadata
mydatabase
mysql
performance_schema
sys
[root@master ~]# sqoop import --connect jdbc:mysql://master:3306/mydatabase --username root --password
123456 --table dept -m 1
…………
18/03/17 09:52:24 INFO mapreduce.Job:  map 0% reduce 0%
18/03/17 09:53:17 INFO mapreduce.Job:  map 100% reduce 0%
18/03/17 09:53:19 INFO mapreduce.Job: Job job_1521286418437_0009 completed successfully
18/03/17 09:53:19 INFO mapreduce.Job: Counters: 30
        File System Counters
                FILE: Number of bytes read=0
                FILE: Number of bytes written=137420
                FILE: Number of read operations=0
                FILE: Number of large read operations=0
                FILE: Number of write operations=0
                HDFS: Number of bytes read=87
                HDFS: Number of bytes written=25
                HDFS: Number of read operations=4
                HDFS: Number of large read operations=0
                HDFS: Number of write operations=2
        Job Counters
                Launched map tasks=1
                Other local map tasks=1
                Total time spent by all maps in occupied slots (ms)=47937
                Total time spent by all reduces in occupied slots (ms)=0
                Total time spent by all map tasks (ms)=47937
                Total vcore-milliseconds taken by all map tasks=47937
                Total megabyte-milliseconds taken by all map tasks=49087488
        Map-Reduce Framework
                Map input records=3
                Map output records=3
                Input split bytes=87
                Spilled Records=0
                Failed Shuffles=0
                Merged Map outputs=0
                GC time elapsed (ms)=211
                CPU time spent (ms)=1640
                Physical memory (bytes) snapshot=97030144
                Virtual memory (bytes) snapshot=2103345152
                Total committed heap usage (bytes)=23343104
        File Input Format Counters
                Bytes Read=0
        File Output Format Counters
                Bytes Written=25
18/03/17 09:53:19 INFO mapreduce.ImportJobBase: Transferred 25 bytes in 128.878 seconds (0.194 bytes/sec)
18/03/17 09:53:19 INFO mapreduce.ImportJobBase: Retrieved 3 records.
[root@master ~]# hadoop fs -ls /user/root/dept
Found 2 items
```

```
-rw-r--r--   3 root supergroup          0 2018-03-17 09:53 /user/root/dept/_SUCCESS
-rw-r--r--   3 root supergroup         25 2018-03-17 09:53 /user/root/dept/part-m-00000
[root@master ~]# hadoop fs -cat /user/root/dept/part-m-00000
1,7-11
2,KFC
3,datieshao
[root@master ~]
Enter password:
Welcome to the MySQL monitor.  Commands end with ; or \g.
Your MySQL connection id is 13
Server version: 5.7.21 MySQL Community Server (GPL)

Copyright (c) 2000, 2018, Oracle and/or its affiliates. All rights reserved.

Oracle is a registered trademark of Oracle Corporation and/or its
affiliates. Other names may be trademarks of their respective
owners.

Type 'help;' or '\h' for help. Type '\c' to clear the current input statement.

mysql> create database test_db;
Query OK, 1 row affected (0.11 sec)

mysql> use test_db;
Database changed
mysql> create table users(id int primary key AUTO_INCREMENT,name varchar(30));
Query OK, 0 rows affected (0.05 sec)

mysql> create table tags(id int primary key AUTO_INCREMENT,users_id int,tag varchar(30));
Query OK, 0 rows affected (0.01 sec)

mysql> insert into users(name) values ('peter');
Query OK, 1 row affected (0.08 sec)

mysql> insert into users(name) values ('kate');
Query OK, 1 row affected (0.00 sec)

mysql>  insert into users(name) values ('one');
Query OK, 1 row affected (0.00 sec)

mysql> insert into tags(users_id,tag) values(1,'music');
Query OK, 1 row affected (0.01 sec)

mysql> insert into tags(users_id,tag) values(2,'ukelili');
Query OK, 1 row affected (0.00 sec)

mysql>  insert into tags(users_id,tag) values(3,'piano');
Query OK, 1 row affected (0.00 sec)
[root@master ~]# hadoop dfs -mkdir /mydatabase/
DEPRECATED: Use of this script to execute hdfs command is deprecated.
```

```
Instead use the hdfs command for it.
[root@master ~]

Logging initialized using configuration in jar:file:/usr/local/hive/lib/hive-common-1.2.2.jar!/hive-log4j.properties
hive> create table users(id int, name String);
OK
Time taken: 1.462 seconds
hive> create table tags(id int , users_id int,tag string);
OK
Time taken: 0.236 seconds
[root@master ~]# sqoop import --connect jdbc:mysql://192.168.130:3306/test_db --table users --username root -P --hive-import -- --default-character-set=utf-8
…………
18/03/17 10:06:34 INFO mapreduce.Job:  map 0% reduce 0%
18/03/17 10:07:37 INFO mapreduce.Job:  map 33% reduce 0%
18/03/17 10:08:14 INFO mapreduce.Job:  map 67% reduce 0%
18/03/17 10:08:34 INFO mapreduce.Job:  map 100% reduce 0%
…………
18/03/17 10:08:52 INFO hive.HiveImport: OK
18/03/17 10:08:52 INFO hive.HiveImport: Time taken: 1.376 seconds
18/03/17 10:08:53 INFO hive.HiveImport: Hive import complete.
18/03/17 10:08:53 INFO hive.HiveImport: Export directory is contains the _SUCCESS file only, removing the directory.
[root@master ~]# sqoop import --connect jdbc:mysql://192.168.10.130:3306/test_db --table tags --username root -P --hive-import -- --default-character-set=utf-8
…………
18/03/17 10:16:20 INFO mapreduce.Job:  map 0% reduce 0%
18/03/17 10:16:59 INFO mapreduce.Job:  map 100% reduce 0%
18/03/17 10:17:01 INFO mapreduce.Job: Job job_1521286418437_0011 completed successfully
…………
18/03/17 10:17:18 INFO hive.HiveImport: Export directory is contains the _SUCCESS file only, removing the directory
[root@master ~]

Logging initialized using configuration in jar:file:/usr/local/hive/lib/hive-common-1.2.2.jar!/hive-log4j.properties
hive> create table user_tags(id string ,name string ,tag string );
OK
Time taken: 1.374 seconds
hive> FROM users u JOIN tags t ON u.id=t.users_id INSERT INTO TABLE user_tags SELECT CONCAT(CAST(u.id AS STRING), CAST(t.id AS STRING)), u.name, t.tag;
…………
2018-03-17 10:21:00,599 Stage-4 map = 0%,  reduce = 0%
2018-03-17 10:21:16,026 Stage-4 map = 100%,  reduce = 0%, Cumulative CPU 3.34 sec
……
Total MapReduce CPU Time Spent: 3 seconds 340 msec
OK
Time taken: 49.206 seconds
mysql> use test_db
mysql> create table user_tags(id varchar(50),name varchar(50),tag varchar(50));
```

```
Query OK, 0 rows affected (0.00 sec)
[root@master ~]sqoop export --connect jdbc:mysql://192.168.10.130:3306/test_db  --username root --P --table
user_tags  --export-dir  /usr/hive/warehouse/user_tags  --input-fields-terminated-by  '\001'  --  --default-charac-
ter-set=utf-8
………………
18/03/17 10:38:20 INFO mapreduce.Job:  map 0% reduce 0%
18/03/17 10:38:52 INFO mapreduce.Job:  map 100% reduce 0%
…………
18/03/17 10:38:55 INFO mapreduce.ExportJobBase: Transferred 662 bytes in 53.0828 seconds (12.4711 bytes/
sec)
18/03/17 10:38:55 INFO mapreduce.ExportJobBase: Exported 3 records.
mysql> select * from user_tags;
+------+-------+---------+
| id  | name  | tag    |
+------+-------+---------+
| 22  | kate  | ukelili |
| 11  | peter | music   |
| 33  | one   | piano   |
+------+-------+---------+
3 rows in set (0.00 sec)
```

图 6-8　示例代码结果

在项目五任务实施 HBase 数据存储完成后，使用 Sqoop 工具把 Hive 中统计汇总数据导出至 MySQL 数据库中。

第一步：连接 MySQL 数据库，并创建以 statistics_db 命名的数据库，如示例代码 CORE0602 所示。

示例代码 CORE0602 连接 MySQL，并创建数据库

[root@master ~]# mysql -u root –p
Enter password:123456
mysql> create database statistics_db;
Query OK, 1 row affected (0.00 sec)

第二步：进入新建数据库，并创建一张新数据表 pymodel_tec，如示例代码 CORE0603 所示。

> **示例代码 CORE0603 创建新数据表 pymodel_tec**
>
> mysql> use statistics_db;
> Database changed
> mysql> create table pymodel_tec (id int primary key auto_increment,logdate varchar(10) , pv int, reguser int, ip int, jumper int);
> Query OK, 0 rows affected (0.01 sec)

第三步：退出 MySQL 数据库，并使用 Sqoop 导出 Hive 数据到 MySQL 中，如示例代码 CORE0604 所示，结果如图 6-9 所示。

> **示例代码 CORE0604 导出数据到 MySQL**
>
> mysql> exit;
> [root@master ~]# sqoop export --connect jdbc:mysql://192.168.10.130:3306/statistics_db --username root --password 123456 --table pymodel_tec --fields-terminated-by '\001' --export-dir '/user/hive/warehouse/statistics_db_2018_05_01' --columns "logdate,pv,reguser,ip,jumper"

```
mysql> exit;
Bye
[root@master ~]# sqoop export --connect jdbc:mysql://192.168.10.130:3306/statistics_db --username root --password 123456 --table pymodel_tec --fields-terminated-by '\001' --export-dir '/user/hive/warehouse/statistics_db_2018_05_01' --columns "logdate,pv,reguser,ip,jumper"
…………
18/03/17 10:50:59 INFO mapreduce.Job:  map 0% reduce 0%
18/03/17 10:52:32 INFO mapreduce.Job:  map 25% reduce 0%
18/03/17 10:52:33 INFO mapreduce.Job:  map 100% reduce 0%
…………
18/03/17 10:53:08 INFO mapreduce.ExportJobBase: Transferred 757 bytes in 150.7442 seconds (5.0218 bytes/sec)
18/03/17 10:53:08 INFO mapreduce.ExportJobBase: Exported 1 records
```

图 6-9　导出数据到 MySQL

第四步：进入 MySQL 查看数据是否导出成功，如示例代码 CORE0605 所示，结果如图 6-10 所示。

> **示例代码 CORE0605 查看数据是否导出**
>
> [root@master ~]# mysql -u root –p
> Enter password:123456
> mysql> use statistics_db;
> mysql> select * from pymodel_tec;

项目六　数据迁移工具（Sqoop）

```
[root@master ~]# mysql -uroot -p
Enter password:
Welcome to the MySQL monitor.  Commands end with ; or \g.
Your MySQL connection id is 75
Server version: 5.7.21 MySQL Community Server (GPL)

Copyright (c) 2000, 2018, Oracle and/or its affiliates. All rights reserved.

Oracle is a registered trademark of Oracle Corporation and/or its
affiliates. Other names may be trademarks of their respective
owners.

Type 'help;' or '\h' for help. Type '\c' to clear the current input statement.

mysql> use statistics_db;
Reading table information for completion of table and column names
You can turn off this feature to get a quicker startup with -A

Database changed
mysql> select * from pymodel_tec;
+----+------------+---------+---------+---------+---------+
| id | logdate    | pv      | reguser | ip      | jumper  |
+----+------------+---------+---------+---------+---------+
|  9 | 2013_05_31 |  165920 |      28 |   10219 |    3703 |
| 13 | 2018_03_11 |  214603 |   71579 |  212830 |  211063 |
| 10 | 2018_03_08 |  213098 |   71045 |  211382 |  209675 |
| 11 | 2018_03_09 |  214724 |   71737 |  212999 |  211283 |
| 12 | 2018_03_10 |  214601 |   71811 |  212749 |  210911 |
| 14 | 2018_03_12 |  214173 |   71680 |  212482 |  210802 |
| 15 | 2018_03_13 |  214464 |   71389 |  212719 |  210984 |
| 16 | 2018_03_14 |  479617 |  160104 |  460154 |  441268 |
| 17 | 2018_03_15 |  430070 |  142970 |  414182 |  398693 |
| 18 | 2018_05_01 | 1331557 |  443296 | 1265795 | 1202301 |
+----+------------+---------+---------+---------+---------+
10 rows in set (0.00 sec)
```

图 6-10　查看导出结果

任务总结

　　本项目主要对数据迁移工具 Sqoop 的知识进行了介绍，详细介绍了 Sqoop 的基本概念与工作原理，并对 Sqoop 的各种功能和 Shell 命令进行了细致说明，技能实践通过 Sqoop 数据迁移案例来增强实验能力，全面掌握 Sqoop 对数据文件的导入导出操作，完成 Persona 项目的数据迁移。

英语角

Connector	连接器	Director	导向器
Extraction	抽取、萃取	Transformation	转换
Loading	加载	Import	导入
Export	导出	Transaction	交换
Password	密码	Column	列
Insert	插入	Update	更新

任务习题

1. 选择题

（1）在 Hadoop 生态体系中 Sqoop 是一个（　　）工具。
A. 任务调度　　　　B. 数据转换　　　　C. 文件收集　　　　D. 大数据 Web

（2）与 Sqoop1 相比，Sqoop2 在易用性、安全性、（　　）等方面都有很大改进。
A. 可扩展性　　　　B. 存储容量　　　　C. 可兼容性　　　　D. 传输效率

（3）传统 ETL 工具代表的含义是数据抽取、转换和（　　）。
A. 清洗　　　　　　B. 存储　　　　　　C. 加载　　　　　　D. 删除

（4）Sqoop 提供的数据密码方式主要有明文模式、交互模式、文件模式和（　　）。
A. 呼应模式　　　　B. 别名模式　　　　C. 交叉模式　　　　D. 数据模式

（5）Sqoop 是传统型数据库与 Hadoop 之间进行数据迁移的工具，充分利用（　　）并行特点以批处理的方式加快数据传输。
A. Hive　　　　　　B. MapReduce　　　　C. HBase　　　　　D. ZooKeeper

2. 判断题

（1）Sqoop1 部署简单，只要 Connector 符合 JDBC 模型即可。（　　）

（2）Sqoop 类似于其他 ETL 工具，使用元数据模型来判断数据类型并在数据从数据源转移到 Hadoop 时确保类型安全的数据处理。（　　）

（3）Sqoop 与数据库 Server 通信，目的是获取数据库表的元数据信息。（　　）

（4）Sqoop 数据读取的过程中设置好 job，主要也就是设置好 Sqoop 的各个参数。（　　）

（5）Sqoop 主要通过 JDBC 和关系数据库进行交互，因此支持 JDBC 的 database 都可以使用 Sqoop 和 HDFS 进行数据交互。（　　）

3. 简答题

（1）Sqoop 是一款能够方便地在传统数据库与 Hadoop 之间进行数据迁移的工具，发展至今主要演化了两大版本，即 Sqoop1 和 Sqoop2，那么 Sqoop2 和 Sqoop1 相比改进之处有哪些？

（2）Sqoop 与传统 ETL 工具的异同有哪些？

（3）Sqoop 数据的导入、导出特性有哪些？

项目七 日志收集系统(Flume)

通过实现 Persona 项目中 Flume 采集本地日志文件并上传至 HDFS 的功能,认识日志收集系统,了解其他不同种类的日志收集系统,掌握 Flume OG 和 Flume NG 的特点及 Flume NG 常用操作命令。在任务实现过程中:

- 熟练使用 Flume NG 常见的操作命令;
- 掌握 Flume 日志收集方法;
- 掌握 Flume 系统文件上传到 HDFS 的方法。

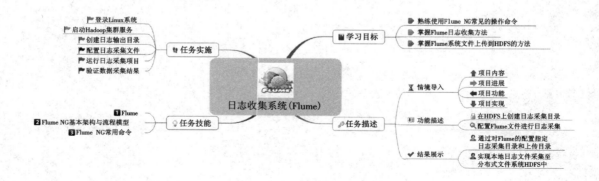

【情境导入】

在 Persona 项目中,用户行为的日志文件是对用户行为进行分析的数据来源。面对 Persona 项目中日渐增加的日志文件,仅仅依靠 Hadoop 框架原有的功能,已经无法满足项目对日志文件质量和数量的需求,而 Flume 为上述问题提供了解决方案。Flume 在为日志文件的采集、上传和聚合提供了方法的同时,还保持了日志文件发送方和 HDFS 之间的同步更新。本次任务主要通过使用日志采集工具 Flume,实现 Persona 项目中对本地日志文件的采集,并上传至 HDFS。

【功能描述】

- 在 HDFS 上创建日志采集目录。
- 配置 Flume 文件进行日志采集。

【结果展示】

通过对本任务的学习,实现将本地日志文件采集至 HDFS 中,通过对 Flume 的配置指定日志采集目录和上传目录,并进行数据采集,结果如图 7-1 所示。

Browse Directory

/flume/access_2018_05_01.log

Permission	Owner	Group	Size	Last Modified	Replication	Block Size	Name
-rw-r--r--	root	supergroup	32.29 MB	2018/4/27 下午1:58:43	3	128 MB	FlumeData.1524808697734
-rw-r--r--	root	supergroup	32.29 MB	2018/4/27 下午1:58:59	3	128 MB	FlumeData.1524808697735
-rw-r--r--	root	supergroup	32.29 MB	2018/4/27 下午1:59:13	3	128 MB	FlumeData.1524808697736
-rw-r--r--	root	supergroup	32.29 MB	2018/4/27 下午1:59:26	3	128 MB	FlumeData.1524808697737
-rw-r--r--	root	supergroup	32.29 MB	2018/4/27 下午1:59:38	3	128 MB	FlumeData.1524808697738
-rw-r--r--	root	supergroup	32.29 MB	2018/4/27 下午1:59:52	3	128 MB	FlumeData.1524808697739
-rw-r--r--	root	supergroup	32.29 MB	2018/4/27 下午2:00:08	3	128 MB	FlumeData.1524808697740
-rw-r--r--	root	supergroup	32.29 MB	2018/4/27 下午2:00:21	3	128 MB	FlumeData.1524808697741
-rw-r--r--	root	supergroup	32.29 MB	2018/4/27 下午2:00:34	3	128 MB	FlumeData.1524808697742
-rw-r--r--	root	supergroup	32.29 MB	2018/4/27 下午2:00:48	3	128 MB	FlumeData.1524808697743
-rw-r--r--	root	supergroup	2.42 KB	2018/4/27 下午2:00:48	3	128 MB	FlumeData.1524808697744.tmp

图 7-1　日志采集结果

技能点一　Flume

1.Flume 介绍

Flume 是 Cloudera 开发的实时日志收集系统,深受业界的认可与广泛应用。Flume 最初由 Cloudera 公司发行,被统称为 Flume OG(Original Generation)。但随着 Flume 功能的不断完善,Flume OG 出现了代码工程臃肿、核心组件设计不合理、核心配置缺乏标准等问题,特别是在 Flume OG 的最后一个发行版本 0.94.0 中,核心功能日志传输不稳定的问题尤为严重。为了解决这些问题,2011 年 10 月 22 日,Cloudera 公司完成了 Flume-728 版本,对 Flume 进行了根本性的改动,重新构建了核心组件、核心配置以及代码架构,重构后的版本被统称为 Flume NG(Next Generation);改动的另一原因是将 Flume 纳入 Apache 公司,Cloudera Flume 正式改名为 Apache Flume。

Flume 和 Sqoop 都是大数据协同框架,它们的区别可扫描下面二维码了解更多。

2.Flume OG 介绍

Flume OG 有三种角色的节点,分别是代理节点(Agent)、收集节点(Collector)和主节点(Master)。

Agent 从各个数据源收集日志数据,将数据集中到 Collector,然后由收集节点汇总存入 HDFS。Flume OG 架构如图 7-2 所示。

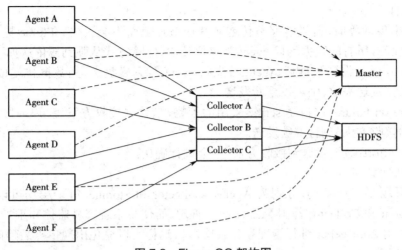

图 7-2　Flume OG 架构图

Master 负责管理 Agent、Collector 的活动。Agent、Collector 都被称为节点，从角色配置来说，节点被分为 logical node（逻辑节点）、physical node（物理节点）。对使用者而言，logical node 和 physical node 的区分、配置、使用一直以来都是最头疼的地方。Agent 和 Collector 都由 source 和 sink 组成，代表在当前节点数据从 source 传送到 sink。数据传递如图 7-3 所示。

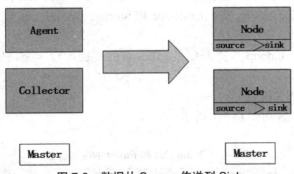

图 7-3　数据从 Source 传送到 Sink

Flume OG 具有很强的稳定性，它的稳定性依赖于 ZooKeeper。Flume OG 需要 ZooKeeper 对其多类节点（Agent、Collector、Master）的工作进行管理，尤其是在集群中配置多个 Master 的情况下。当然，Flume OG 也可以用内存的方式管理各类节点的配置信息，但是在这种情况下，当机器出现故障时配置信息有可能会丢失。

3.Flume NG 介绍

Flume NG 是一个可靠的、分布式和高可用的海量日志收集、聚合和传输系统。Flume NG 支持在日志系统中定制各类数据发送方，用于收集数据；对数据进行简单处理，并写到各种数据接收方（如文本、HDFS、HBase 等）的能力。Flume NG 的节点角色的数量由 3 个缩减到 1 个，不存在多类角色的问题，所以就不再需要 ZooKeeper 对各类节点协调，由此脱离对 ZooKeeper 的依赖。Flume NG 具有以下特性。

1）可靠性

当节点出现故障时，日志能够被传送到其他节点上而不会丢失。Flume 提供了三种级别的可靠性保障，所有的数据均以 event 为单位传输，保障方式从强到弱依次如下。

（1）end-to-end：收到数据后 Agent 首先将 event 写到磁盘上，当数据传送成功之后，再删除；如果数据发送失败，则可以重新发送。

（2）Store on failure：这也是 scribe 采用的策略，当数据接收方发生事故时，将数据写到本地，待数据接收方恢复后，继续发送。

（3）Best effort：数据发送到接收方后，不会进行确认。

2）可扩展性

Flume 采用了三层架构，分别为 Agent、Collector 和 Storage，每一层均可以水平扩展。由于所有 Agent 和 Collector 都由 Master 统一管理，而使得系统容易监控和维护。Master 允许有多个（使用 ZooKeeper 进行管理和负载均衡），这样可以避免出现单点故障问题。

3）可管理性

用户不仅可以对各个数据源进行配置和动态加载，还可以在 Master 上查看各个数据源或数据流的执行情况。在多 Master 的情况下，Flume 利用 ZooKeeper 和 gossip 来保证动态配置数据的一致性。Flume 提供了 Web 和 shell script command 两种形式对数据流进行管理。

4）功能可扩展性

用户可以根据需要添加自己的 Agent、Collector 或 Storage。此外，Flume 自带了很多组件，包括各种 Agent（file、syslog 等）、Collector 和 Storage（file、HDFS 等）。

5）文档丰富，社区活跃

Flume 已经成为 Hadoop 生态系统的标配，它的文档比较丰富，社区也比较活跃，方便学习。

4. Flume OG 与 NG 对比

Flume OG 和 NG 区别如表 7-1 所示

表 7-1 Flume OG 和 Flume NG 的区别

项目	Flume OG	Flume NG
节点	代理节点（Agent）、收集节点（Collector）、主节点（Master）	代理节点（Agent）
核心组件的数目	7	4
核心组件	稳定性需要 ZooKeeper，用户需要搭建 ZooKeeper 集群	不依赖 ZooKeeper
安装	需要在 flume-env.sh 中设置 $JAVA_HOME；需要配置文件 flume-conf.xml；配置 Mater 相关属性	只需要在 flume-env.sh 中设置 Java 路径
Hadoop 周边组件		实现了和 JDBC、HBase 的集成

技能点二 Flume NG 基本架构与流程模型

1.Flume NG 架构

Flume 的数据流由事件（event）贯穿。事件是 Flume 的基本数据单位，它携带日志数据（字节数组形式）和头信息，这些 event 由 Agent 外部的 Source 生成，当 Source 捕获事件后会进行特定的格式化，然后 Source 会把事件推入（单个或多个）Channel 中。可以把 Channel 看作是一个缓冲区，它将保存事件直到 Sink 处理完该事件。Sink 负责持久化日志或者把事件推向另一个 Source。Flume 组件概念如表 7-2 所示。

表 7-2 Flume 组件概念

组件	概念
Agent	使用 JVM（JAVA 虚拟机）运行 Flume，每台机器运行一个 Agent，但是可以在一个 Agent 中包含多个 Sources 和 Sinks
Client	生产数据，运行在一个独立的线程
Source	从 Client 收集数据，传递给 Channel
Sink	从 Channel 收集数据，运行在一个独立线程
Channel	连接 Sources 和 Sinks
Events	可以是日志记录、Avro 对象等

Flume 使用 properties of mem-channel-1 为最小的独立运行单位。一个 Agent 就是一个 JVM。单 Agent 由 Source、Sink 和 Channel 三大组件构成。Flume 基本架构如图 7-4 所示。

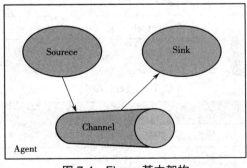

图 7-4 Flume 基本架构

Flume 提供大量内置的 Source、Channel 和 Sink 类型，如表 7-3 至表 7-5 所示。

表 7-3 Source 类型

Source 类型	说明
Avro Source	支持 Avro 协议（实际上是 Avro RPC），内置支持
Thrift Source	支持 Thrift 协议，内置支持
Exec Source	基于 Unix 的 Command 在标准输出上生产数据
JMS Source	从 JMS 系统（消息、主题）中读取数据，ActiveMQ 已经测试过
Spooling Directory Source	监控指定目录内数据变更
Twitter 1% firehose Source	通过 API 持续下载 Twitter 数据，试验性质
Netcat Source	监控某个端口，将流经端口的每一个文本行数据作为 Event 输入
Sequence Generator Source	序列生成器数据源，生产序列数据
Syslog Sources	读取 Syslog 数据，产生 Event，支持 UDP 和 TCP 两种协议
HTTP Source	基于 HTTP POST 或 GET 方式的数据源，支持 JSON、BLOB 表示形式
Legacy Sources	兼容老的 Flume OG 中 Source（0.9.x 版本）

表 7-4 Channel 类型

Channel 类型	说明
Memory Channel	Event 数据存储在内存中
JDBC Channel	Event 数据存储在持久化存储中，当前 Flume Channel 内置支持 Derby
File Channel	Event 数据存储在磁盘文件中
Spillable Memory Channel	Event 数据存储在内存中和磁盘上，当内存队列占满，会持久化到磁盘文件（当前试验性质，不建议生产环境使用）
Pseudo Transaction Channel	测试用途
Custom Channel	自定义 Channel 实现

表 7-5 Sink 类型

Sink 类型	说明
HDFS Sink	数据写入 HDFS
Logger Sink	数据写入日志文件
Avro Sink	数据被转换成 Avro Event，然后发送到配置的 RPC 端口上
Thrift Sink	数据被转换成 Thrift Event，然后发送到配置的 RPC 端口上
IRC Sink	数据在 IRC 上进行回放
File Roll Sink	存储数据到本地文件系统

续表

Sink 类型	说明
Null Sink	丢弃所有数据
HBase Sink	数据写入 HBase 数据库
Morphline Solr Sink	数据发送到 Solr 搜索服务器（集群）
ElasticSearch Sink	数据发送到 Elastic Search 搜索服务器（集群）
Kite Dataset Sink	写数据到 Kite Dataset，试验性质
Custom Sink	自定义 Sink 实现

不同类型的 Source、Channel 和 Sink 可以基于用户设置的配置文件自由组合，组合方式非常灵活。如 Channel 可以把事件暂存在内存里，也可以持久化到本地硬盘上；Sink 可以把日志写入 HDFS 和 HBase 中，甚至是另外一个 Source 中等。Flume 支持用户建立多级流，多个 Agent 可以协同工作，并且支持 Fan-in、Fan-out、Contextual Routing、Backup Routes，这也正是 Flume 的厉害之处。

使用 Flume 工具上传日志文件系统需要使用 HDFS 类型的 Sinks，并根据实际文档存储方式选择对应类型的 Sources、Channels。

部分 HDFS Sinks 参数如表 7-6 所示。

表 7-6　部分 HDFS Sinks 参数介绍

参数	解释	默认值
path	写入 HDFS 的路径	
filePrefix	写入 HDFS 的文件名前缀	FlumeData
inUsePrefix	写入 HDFS 的文件名后缀	.lzo .log 等
inUsePrefix	临时文件的文件名前缀	
inUseSuffix	临时文件的文件名后缀	.tmp
rollInterval	将临时文件重命名成最终目标文件的时间间隔	
rollSize	当临时文件达到该大小（单位：bytes）时，滚动成目标文件	1024
rollCount	当 events 数据达到该数量时，将临时文件滚动成目标文件	10
idleTimeout	当目前被打开的临时文件在该参数指定的时间（秒）内，没有任何数据写入，则将该临时文件关闭并重命名成目标文件	0
batchSize	每个批次刷新到 HDFS 上的 events 数量	100
round	是否启用时间上的"舍弃"	false
roundValue	时间上进行"舍弃"的值	1
roundUnit	时间上进行"舍弃"的单位，包含 second,minute,hour	seconds

详细了解更多类型的 Sources、Channels 和 Sinks 请访问官方网站 http://flume.apache.

org/FlumeUserGuide.html 查看。

Flume 运行系统要求：
（1）Java 运行环境为 JDK1.6 或 JDK1.7 以上，建议使用 JDK1.7 及以上；
（2）保证足够的内存用于配置使用的 Sources、Channels、Sinks；
（3）保证足够的磁盘空间用于配置使用的 Sources、Channels、Sinks；
（4）保证被 Agent 使用的目录具有读写权限。

2. 数据流模型

1）单 Agent 单数据流模型

在单个 Agent 中由单个 Source，Channel，Sink 建立单一的数据流模型，整个数据流程为 Web Server → Source → Channel → Sink → HDFS，具体流程如图 7-5 所示。

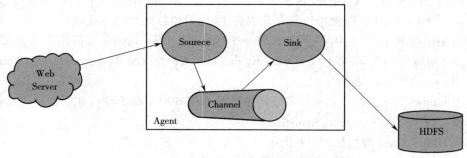

图 7-5 单 Agent 单数据流模型

单 Agent 数据流通过 Avro 客户端发送数据到 HDFS 上的操作如示例代码 CORE0701 所示。

示例代码 CORE0701

\# 为 Agent 的 Sources 命名 avro-AppSrv-source
\#agent_foo 为代理名称
agent_foo.sources= avro-AppSrv-source
\# 为 Agent 的 Sinks 命名 hdfs-Cluster1-sink
agent_foo.sinks= hdfs-Cluster1-sink
\# 为 Agent 的 Channels 命名 mem-channel-1
agent_foo.channels= mem-channel-1

\# 使 Channel 分别连接 Sources, Sinks
\# 配置 Agent 的 Source 类型
agent_foo.sources.avro-AppSrv-source.type= avro
agent_foo.sources.avro-AppSrv-source.bind= localhost
agent_foo.sources.avro-AppSrv-source.port= 10000

配置 Agent 的 Channel 的类型
agent_foo.channels.mem-channel-1.type= memory
agent_foo.channels.mem-channel-1.capacity= 1000
agent_foo.channels.mem-channel-1.transactionCapacity= 100

配置 Agent 的 Sink 的类型
agent_foo.sinks.hdfs-Cluster1-sink.type= hdfs
agent_foo.sinks.hdfs-Cluster1-sink.hdfs.path= hdfs://namenode/flume/webdata

2）单 Agent 多条数据流模型

Agent 提供多种输入源，即多个 Source，单个 Channel 和单个 Sink 组合的数据流模型，如图 7-6 所示。

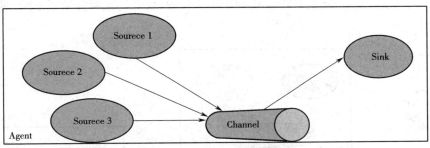

图 7-6　单 Agent 多条数据流模型

单 Agent 多数据流是单数据流的加强版，单数据流是从外部 Avro 客户端到 HDFS，单 Agent 多数据流是 Linux 命令输出到 Avro 接受代理，如示例代码 CORE0702 所示。

示例代码 CORE0702

# 设置 Agent 的 Source，Sinks，Channels 的名称
agent_foo.sources= avro-AppSrv-source1 exec-tail-source2
agent_foo.sinks= hdfs-Cluster1-sink1 avro-forward-sink2
agent_foo.channels= mem-channel-1 file-channel-2

配置第一种传输方式
agent_foo.sources.avro-AppSrv-source1.channels= mem-channel-1
agent_foo.sinks.hdfs-Cluster1-sink1.channel= mem-channel-1

配置第二种传输方式
agent_foo.sources.exec-tail-source2.channels= file-channel-2
agent_foo.sinks.avro-forward-sink2.channel= file-channel-2

3）多 Agent 串行传输数据流模型

多个 Agent 串联在一起，数据从一个 Agent 传输到另一个 Agent，最终传输到目的地，如图 7-7 所示。

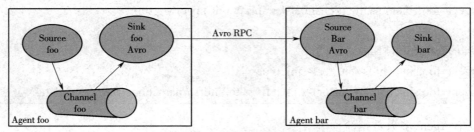

图 7-7　多 Agent 串行传输数据流模型

4）多 Agent 汇聚数据流模型

大量产生日志的客户端将数据发送到少量的代理，代理连接着存储子系统，具体流程如图 7-8 所示。

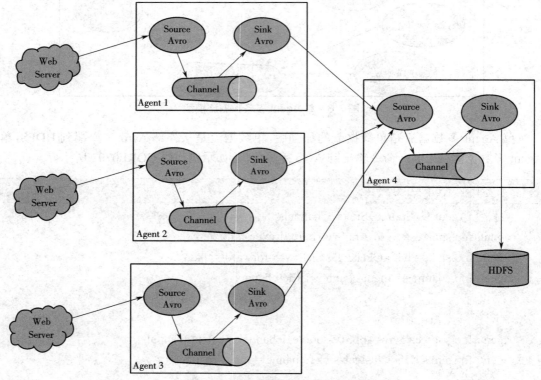

图 7-8　多 Agent 汇聚数据流模型

通过流程图 7-8 可知，多个 Avro 类型的 Source 采集不同服务器的数据流，通过 Channel 交给 Avro 类型的 Sink，再由某个代理端口合并其他代理的 Sink 数据，最终数据存储到 HDFS 中。

5)单 Agent 多路由数据流模型

Flume 支持将事件分发到一个或多个目的地,可以通过定义不同类型的 Channel 到多个不同 Sink 来实现。单 Agent 多路由数据流模型如图 7-9 所示。

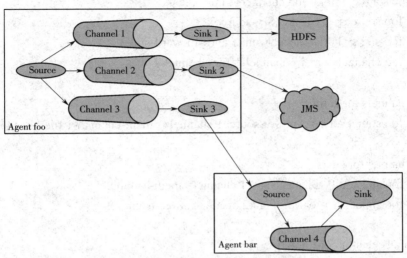

图 7-9 单 Agent 多路由数据流模型

图 7-9 显示了一个来自代理"foo"的信息源,将信息流分成三个不同的频道,可以复制或复用。在复制流的情况下,每个事件被发送到三个通道。如示例代码 CORE0703 所示。

示例代码 CORE0703

```
# List the sources, sinks and channels for the agent
<Agent>.sources= <Source1>
<Agent>.sinks= <Sink1> <Sink2>
<Agent>.channels= <Channel1> <Channel2>

# set list of channels for source(separated by space)
<Agent>.sources.<Source1>.channels= <Channel1> <Channel2>

# set channel for sinks
<Agent>.sinks.<Sink1>.channel= <Channel1>
<Agent>.sinks.<Sink2>.channel= <Channel2>

<Agent>.sources.<Source1>.selector.type= replicating
```

其中,<Agent>.sources.<Source1>.selector.type= replicating 这个源的选择类型为复制,这个参数不指定一个选择的时候,默认情况下为复制。

对于复用情况,事件的属性与预先配置的值相匹配时,将事件传递给可用通道的子集。复用的参数为 <Agent>.sources.<Source1>.selector.type = multiplexing,如示例代码 CORE0704

所示。

> 示例代码 CORE0704
>
> ```
> # list the sources, sinks and channels in the agent
> agent_foo.sources= avro-AppSrv-source1
> agent_foo.sinks= hdfs-Cluster1-sink1 avro-forward-sink2
> agent_foo.channels= mem-channel-1 file-channel-2
>
> # set channels for source
> agent_foo.sources.avro-AppSrv-source1.channels= mem-channel-1 file-channel-2
>
> # set channel for sinks
> agent_foo.sinks.hdfs-Cluster1-sink1.channel= mem-channel-1
> agent_foo.sinks.avro-forward-sink2.channel= file-channel-2
>
> # channel selector configuration
> agent_foo.sources.avro-AppSrv-source1.selector.type= multiplexing
> # 设置事件的头属性为"State"
> agent_foo.sources.avro-AppSrv-source1.selector.header= State
> agent_foo.sources.avro-AppSrv-source1.selector.mapping.CA= mem-channel-1
> agent_foo.sources.avro-AppSrv-source1.selector.mapping.AZ= file-channel-2
> agent_foo.sources.avro-AppSrv-source1.selector.mapping.NY= mem-channel-1 file-channel-2
> agent_foo.sources.avro-AppSrv-source1.selector.default= mem-channel-1
> ```

6）Sinkgroups 数据流模型

Sinkgroups 将 Sinks 组合在一起，通过两种策略从中选择一个 Sink 来消费 Channel，如图 7-10 所示。Sinkgroups 提供的两种机制为 failover 和 load-balance。

failover 机制会将所有 Sinks 标识为一个优先级，一个以优先级为序的 Map 保存活着的 Sink，一个队列保存失败的 Sink。每次都会选择优先级最高的活着的 Sink 来消费 Channel 的 Events。每过一段时间就对失败队列中的 Sinks 进行检测，如果变活之后，就将其插进活着的 Sink Map。

load_balance 机制有两种不同的策略，分别是 round_robin 和 random。round_robin 就是不断地轮询 Sinkgroups 内的 Sinks，以保证均衡。random 是从 Sinkgroups 中的 Sinks 随机选择一个。

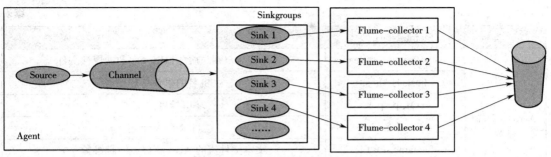

图 7-10　Sinkgroups 数据流模型

技能点三　Flume NG 常用命令

Flume NG 常用的操作命令如表 7-7 所示。

表 7-7　Flume NG 常用的操作命令

类型	Flume-NG 指令	解释
控制命令	help	显示帮助文本
	agent	运行一个 Flume 节点
	avro-client	运行一个 Avro 的 Flume 客户端
	version	展示 Flume 的版本信息
全局选项	--conf,-c <conf>	使用 <conf> 目录下的配置
	--classpath,-C <cp>	添加 classpath
	--dryrun,-d	没有开始 Flume，只是打印命令
	-Dproperty=value	设置一个 Java 系统属性的值
	-Xproperty=value	设置一个 Java -x 选项
代理设置	--name,-n <name>	这个 Agent 的名称（必需）
	--conf-file,-f <file>	指定一个配置文件（如果有 -z 可以缺失）
	--zkConnString,-z <str>	指定使用的 ZooKeeper 的链接（如果有 -f 可以缺失）
	--zkBasePath,-p <path>	指定 agent config 在 ZooKeeper Base Path
	--no-reload-conf	如果改变不重新加载配置文件
	--help,-h	显示帮助文本

续表

类型	Flume-NG 指令	解释
Avro 客户端设置	--rpcProps,-P <file>	远程客户端与服务器链接参数的属性文件
	--host,-H <host>	主机名的事件将被发送
	--port,-p <port>	端口号将被发送
	--dirname <dir>	目录流 Avro 源
	--filename,-F <file>	文本文件流的 Avro 源（默认：标准输入）
	--headerFile,-R <file>	每个新的一行数据都会有的头信息 key/value
	--help,-h	显示帮助文本

Flume NG 命令使用格式如下：

```
bin/flume-ng agent --conf conf --conf-file conf/flume-demo-hdfs.conf --name a1 -Dflume.root.logger=INFO,console
```

Flume NG 命令参数说明如表 7-8 所示。

表 7-8　Flume NG 命令参数说明

参数	说明
bin/flume-ng	指定为 flume-ng 命令，启动路径为 bin 目录下
agent	指定为 agent 节点
--conf conf	指定配置文件目录为当前目录下 conf
--conf-file conf/flume-demo-hdfs.conf	指定配置文件为 conf 目录下 flume-demo-hdfs.conf
--name a1	指定节点名称 a1
-Dflume.root.logger=INFO,console	生产环境并打印到控制台

大数据采集工具不仅只有 Flume 一种，还有其他数据工具，可扫描下面二维码了解。

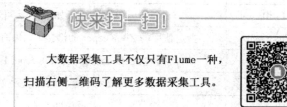

项目七 日志收集系统（Flume）

本项目实现在日志文件产生后，直接通过 Flume 工具采集日志文件至 HDFS 系统中。

第一步：在 HDFS 上创建日志输出目录，如示例代码 CORE0705 所示，结果如图 7-11 所示。

CORE0705 创建日志输出目录
[root@master ~]# hadoop fs -mkdir /flume

图 7-11 创建日志输出目录

第二步：进入 /usr/local/flume/conf 目录下，并创建配置文件 flume-demo-hdfs.conf，添加收集设置，如示例代码 CORE0706 所示。

示例代码 CORE0706 配置文件 flume-demo-hdfs.conf
[root@master ~]# cd /usr/local/flume/conf
[root@node conf]# vi flume-demo-hdfs.conf
# Describe/configure the source
a1.sources = r1
a1.sinks = k1
a1.channels = c1
# Describe/configure the source
a1.sources.r1.type = spooldir
a1.sources.r1.spoolDir = /usr/local/logs

```
a1.sources.r1.basenameHeader = true
a1.sources.r1.inputCharset = GBK
a1.sources.r1.basenameHeaderKey = fileName
# Describe the sink
# 设置压缩与非压缩,此处非压缩
a1.sinks.k1.hdfs.fileType=DataStream
# 格式化文件,可选"Text"or"Writable",此处选择文本方式
a1.sinks.k1.hdfs.writeFormat= Text
a1.sinks.k1.type = hdfs
a1.sinks.k1.channel = c1
a1.sinks.k1.hdfs.path = hdfs://master:9000/flume/%{fileName}
a1.sinks.k1.hdfs.batchSize= 100
a1.sinks.k1.hdfs.rollSize = 33554432
a1.sinks.k1.hdfs.rollCount = 0
a1.sinks.k1.hdfs.rollInterval = 0
a1.sinks.k1.hdfs.minBlockReplicas=1
# Use a channel which buffers events in memory
a1.channels.c1.type = memory
a1.channels.c1.capacity = 1000
a1.channels.c1.transactionCapacity = 1000
# Bind the source and sink to the channel
a1.sources.r1.channels = c1
a1.sinks.k1.channel = c1
```

第三步:进入 Flume 目录下,启动 Flume 运行收集文件,如示例代码 CORE0707 所示。

示例代码 CORE0707 运行 Flume 收集文件

```
[root@ master log]# cd /usr/local/flume/
[root@ master flume]# bin/flume-ng agent --conf conf --conf-file conf/flume-demo-hdfs.conf --name a1 -Dflume.root.logger=INFO,console
```

第四步:保持当前终端,启动另一终端,进入日志文件目录,将之前的日志 access_2018_05_01.log 拷贝到 /usr/local/logs 目录下,如示例代码 CORE0708 所示。

示例代码 CORE0708 追加日志文件

```
[root@ master ~]# cp /usr/local/access_2018_05_01.log /usr/local/logs
```

第五步:验证数据是否被收集到 HDFS 中,查看 HDFS 收集文件中内容,如示例代码 CORE0709 所示。

项目七　日志收集系统（Flume）　　185

示例代码 CORE0709 数据验证
[root@master log]# hadoop fs -ls /flume

第六步：通过浏览器端口查看数据收集结果，如图 7-1 所示。

本项目主要对数据收集系统 Flume 的知识进行了介绍，详细介绍了 Flume 的设计理念与数据收集流程，突出 Flume NG 的核心优势。本项目不仅详细介绍了 Flume 的发展历程，还对 Flume 的操作命令进行了细致说明。在技能实施中用 Flume 进行实时数据收集，通过实验能让学习者对 Flume 有更加深刻的认识，最后完成 Persona 项目的日志采集与上传功能。

File	文件	Topic	主题
Store	存储	Network	网络
Adaptor	数据源	Collector	收集器
Agent	代理器	Producer	生产者
Consumer	消费者	Broker	分解者
Command	命令	Original	最初的
Generation	代、版本	Logical	逻辑的
Physical	物理的	Event	事件
Source	资源	Channel	渠道

1. 选择题

（1）Scribe 是 Facebook 开源的日志收集系统，它最重要的特点是（　　）。

A. 速度快　　　　B. 存储量大　　　　C. 容错性　　　　D. 灵活性高

（2）Scribe 的架构主要包括三部分，分别为 Scribe agent，Scribe 和（　　）。

A. 计算系统　　　　　B. 收集系统　　　　　C. 存储系统　　　　　D. 传输系统
（3）Kafka 是一个消息发布订阅系统，依赖于（　　）进行负载均衡。
A.HBase　　　　　　B.Hive　　　　　　　C.Spark　　　　　　D.ZooKeeper
（4）Flume 采用了三层架构，分别为 Agent，Collector 和（　　）。
A.Storage　　　　　　B.Producer　　　　　C.Consumer　　　　　D.Leader
（5）Flume NG 在核心组件上进行了大规模的调整，核心组件的数目由 7 删减到（　　）。
A.5　　　　　　　　　B.4　　　　　　　　　C.3　　　　　　　　　D.2

2. 判断题

（1）Flume 除了收集数据，还具有对数据进行简单处理的能力。　　　　　（　　）
（2）Chukwa 架构主要有 3 种角色，分别为 Adaptor，Agent，Consumer。　　（　　）
（3）与 HDFS 一样，Flume 的数据单位也是块（Block）。　　　　　　　　（　　）
（4）Kafka 是 2010 年 12 月发布的开源项目，采用 Java 语言编写。　　　　（　　）
（5）在 Flume 中不同类型的 Source、Channel 和 Sink 可以自由组合。　　　（　　）

3. 简答题

（1）日志收集是大数据的基础，没有日志数据就无法进行大数据分析，处理此类日志数据需要特定的日志系统，这些系统必须具备哪些特征？

（2）Flume 是一个海量日志聚合的系统，支持在系统中定制各类数据发送方，收集数据，它的设计目标还有哪些？

（3）数据收集工具 Kafka 的设计目标有哪些？

项目八 构建 Persona 项目

通过对 Persona 项目的完整构建,了解 Persona 项目的背景和数据使用情况,熟悉 Persona 关键指标要求和计算方式,了解集群规划特点,掌握 Persona 实施流程。在任务实现过程中:

- 了解 Persona 项目的构建;
- 了解所需指标要求和公式要求;
- 掌握数据库进行设计和数据可视化过程;
- 整体完成 Persona 项目。

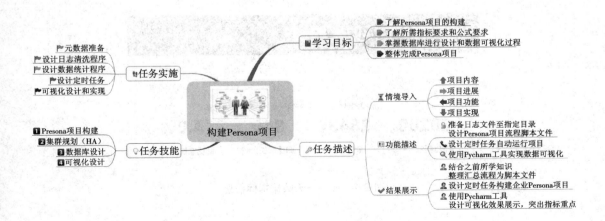

【情境导入】

Persona 是根据用户的基本属性、社会属性、行为倾向、生活习惯、兴趣偏好和消费行为等信息,抽象出的一个标签化用户模型。完整的 Persona 流程包括集群搭建、数据收集、指标分析、数据库设计、可视化效果展示和标签化分析等步骤。本任务主要使用 Hadoop 生态体系完整实现 Persona 项目。

【功能描述】

本项目将完整实现 Persona 在企业级应用中设计流程,通过脚本的方式实现项目部署和运行。
- 准备日志文件至指定目录,设计 Persona 项目流程脚本文件。
- 设计定时任务自动运行项目。
- 使用 Pycharm 工具实现数据可视化。

【结果展示】

通过对本次任务的学习,实现 Persona 项目构建和可视化展示。通过结合之前所学知识整理汇总流程为脚本文件,设计定时任务构建企业 Persona 项目,使用 Pycharm 工具设计可视化效果展示,突出指标重点。可视化界面分三个部分:第一部分为最近一天数据指标信息,如图 8-1 所示;第二部分为最近七天数据对比,如图 8-2 所示;第三部分为最近一天数据详细信息,如图 8-3 所示。

图 8-1　最近一天数据指标信息

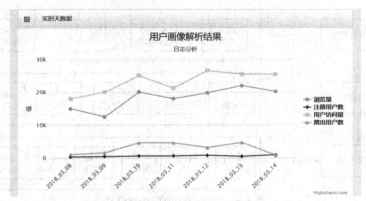

图 8-2　最近七天数据对比

图 8-3　最近一天数据详细信息

技能点一　Persona 项目构建

Persona 项目构建流程如图 8-4 所示。

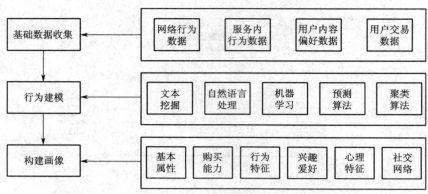

图 8-4 Persona 项目构建流程

1. 基础数据收集

数据是构建 Persona 项目的核心依据,所有的 Persona 项目都必须建立在客观数据基础之上。在基础数据采集方面可以通过列举法先列举出构建 Persona 项目所需要的基础数据,如表 8-1 所示。

表 8-1 基础数据

一级维度	二级维度	数据示例	数据来源
宏观层		用户群体的社交行为; 用户群体的网络喜好; 用户群体的行为洞察; 用户群体的生活形态调研	行业研究报告
	用户总体数据	用户总量; 不同级别用户分布; 用户活跃情况; 转化数据	
	总体浏览数据	PV、UV、访问页面数	
中观层	用户属性数据	用户终端设备; 网络及运营商; 用户的年龄、性别、职业、兴趣爱好等分布	前台和后台、 第三方数据平台研发导出
	用户行为数据	用户的粘性数据; 访问频率; 访问时间间隔; 访问时段	
		用户的活跃数据; 用户的登录次数; 平均停留时间; 平均访问页面数	
		用户存留数据	
	访问深度	跳出率; 访问页面数; 访问路径	

续表

一级维度	二级维度	数据示例	数据来源
微观层	用户参与度数据	用户资料修改情况； 用户新手任务完成情况； 用户活动参与情况	数据后台、第三方数据平台研发导出
	用户点击数据	用户各个功能模块和按钮的访问和点击情况等	

本项目使用某网站后台采集的一段时间内客户实际访问网站内容日志作为基础数据分析。

2. 行为建模

构建 Persona 项目所需要的资料和基础数据收集完毕后，需要对这些资料进行分析和加工，提炼关键要素，构建可视化模型。建模方法中涉及的问题如下：

（1）如何获得用户的有用信息；

（2）用户模型的表示方法问题；

（3）如何将前两个方面结合起来，从而产生出用户的模型。

建模是一个过程，包括很多方面，不同应用背景下，建模过程也会不同，但一般至少包括以下三个方面：一是用户行为的模型和表示，并根据该模型记录用户具体访问行为，生成用户行为日志；二是根据用户的行为模式评价用户对所访问的信息项的关注程度；三是根据用户所访问的信息内容对用户的兴趣进行提取和量化评价，构建用户的兴趣模型。这三个问题密切相关，前一个问题的解决均为解决后一个问题的前提或基础。

由于用户信息会发生转变，因此需要提供一个动态跟踪机制来捕获这些变化，从而分辨出不同兴趣之间的差异。用户兴趣模型的变化主要表现在兴趣度的衰减和强化两方面，并由此表现出用户兴趣的迁移。从整个用户行为历史来看，如果每个兴趣点被访问的次数是单调增长的，相应的兴趣度都在被强化；如果在最近一段时间内没有被访问，则其兴趣度应该被降低。

为了正确捕获用户的兴趣模型，可将用户兴趣分为三种情况：一是长期兴趣，反映了用户稳定且长期的信息需求，用户的兴趣会随着时间推移积累成广泛的兴趣点，导致信息推荐发散在多个主题上，从而缺乏针对性；二是近期兴趣，反映了用户最近一个时间段内的信息需求趋势，基本目标是根据用户的近期访问行为，在用户长期兴趣中选择几个作为用户近期的关注焦点，从而克服基于长期兴趣进行推荐的问题；三是即时兴趣，反映了用户在与系统交互过程中的实时信息需求，既可能是某个稳定兴趣的体现，也可能是与长短期兴趣均无关的临时性的信息需求。

尽管三种用户兴趣互不相同，但它们之间存在内在的联系。概括地说，即时兴趣是近期兴趣的累积基础，而近期兴趣是长期兴趣的累积基础；即时兴趣和近期兴趣能够反映用户需求的动态变化，而长期兴趣则体现了用户较为稳定的信息需求。

目前主要采用通过近期兴趣来建立用户当前的兴趣点的方式捕获用户动态特征，从而捕获用户兴趣的变化。一般而言，近期兴趣和长期兴趣在建模过程上是相似的，只是前者将

时间限制在某个特定阶段内。因此,用户模型的动态特征捕获方法尽管有一定的效果,但其模型基础并不完善,表现在以下几个方面:

(1) 长期兴趣与近期兴趣并没有统一在一个框架之下;

(2) 长期兴趣与近期兴趣之间关系不明确;

(3) 并未涉及衰减和强化两方面的机制问题,不能刻画用户兴趣的迁移模式。

本项目针对用户访问网站的行为进行分析建模,主要提炼要素有用户浏览量(PV)、用户注册数、独立 IP 数和用户跳出率四项指标。

(1) 浏览量 PV

通过对网站总浏览量的分析,可以了解用户对网站的兴趣,并且对于网站运营者来说,每个栏目下的浏览量也尤为重要。页面浏览量即为 PV(Page View),是指所有用户浏览页面的总和,一个独立用户每打开一个页面就被记录 1 次,可以从日志中获取用户访问次数,根据所需又可以统计各个栏目下的访问次数。

(2) 用户注册数

通过统计网站当前用户注册数或对比一段时间内的用户注册数,可以分析推算网站受欢迎情况和当前运营状态等信息。当用户点击注册时,请求的是 action.do?mod=register 的 url,可对该请求进行统计分析。

(3) 独立 IP 数

独立 IP 数表示拥有特定唯一 IP 地址的计算机访问网站的次数,因为这种统计方式容易实现,具有较高的真实性,所以成为大多数机构衡量网站流量的重要指标。如 ADSL 拨号上网,拨一次号就自动分配一个 IP,这样进入本站,那就算一个 IP,当断线而没清理 Cookies,之后又拨了一次号,又自动分配到一个 IP,再次进入网站,那么又统计到一个 IP,这时统计数据里 IP 就显示统计了两次。但是 UV(独立访客)没有变,因为两次都是同一用户进入了本站。独立 IP 的多少是衡量网站推广活动好坏最直接的数据,可对独立 IP 进行去重和统计。

(4) 用户跳出率

用户通过搜索关键词来到某网站,仅浏览了一个页面就离开的访问次数与所有访问次数的百分比就是用户跳出率。观察跳出率可以得知用户对网站内容的认可,或者说网站是否对用户有吸引力,所以跳出率是衡量网站内容质量的重要标准。跳出率计算公式:

$$跳出率 = 访问一个页面后离开网站的次数(只出现一次的 IP) / 总访问次数$$

3. 构建画像

Persona 就是给目标用户群体打标签,从显性画像和隐性画像两个方面来实现,因此整个 Persona 的呈现也需要从这两个方面进行。以某在线教育社区为例(部分内容),显性画像即用户群体的可视化的特征描述,如目标用户的年龄、性别、职业、地域、兴趣爱好等特征,如图 8-5 所示;隐性画像是用户内在的深层次的特征描述,包含用户的产品使用目的、用户使用偏好、用户需求、产品的使用场景等,如图 8-6 所示。Persona 项目就是对一个群体进行特征描述(人以特征、标签分),是对一个群体的共性特质进行提炼,给用户群体打标签。

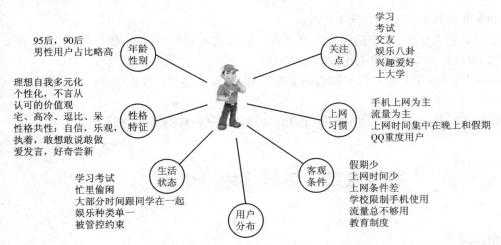

图 8-5 显性画像

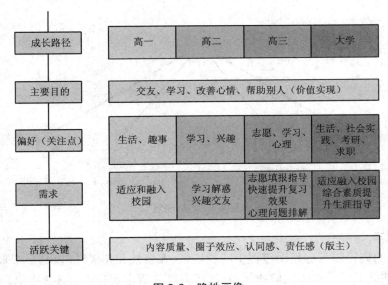

图 8-6 隐性画像

本项目中把用户指标数据作为分析网站运营状况的分析数据,通过对不同指标的分析审核网站当前状况。

4. 标签化分析

用户标签体系的建设是一个永无止境的过程,迄今为止也没有明确的分类体系,从实践的角度看标签体系分为以下五类。

(1)基本属性标签:以人口统计数据为主,用来描述用户的基本特征,包括年龄、性别、身高、体重等,此类标签可从业务数据获取。

(2)业务类标签:主要针对各类业务上的特点,包括产品、渠道、行为等方面的偏好,此类标签主要从业务数据和交互数据中获取。

（3）用户关系类标签：不同的用户关系管理不同阶段所对应的用户，如新用户、潜在用户等，此类标签往往需要通过数据挖掘和分析获取。

（4）拓展类标签：主要包括用户的兴趣爱好等标签，此类标签往往需要第三方数据合作获取。

（5）群体特征类标签：通过用户分群等方式为用户建立各种群体性特征。

技能点二　集群规划（HA）

1. 集群架构

分布式大数据集群需要由多台 Linux 主机组成，一个集群中可以有一个主节点和多个备用节点以及分个支节点。在高可用集群中，由于主节点和分支节点需要安装的软件不同，会导致所要完成的功能也有所不同，所以在正式开始搭建前做好集群规划十分必要，如图 8-7 所示。

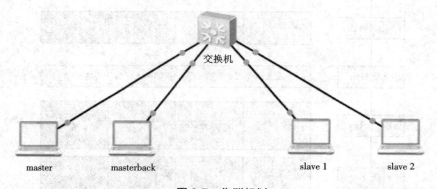

图 8-7　集群规划

2. 软件版本

软件版本的选择需考虑使用过程中的稳定性、兼容性和拓展性，以利于未来较为简单并高效的运维，遇到问题低成本的解决等，本次集群软件版本选择如表 8-2 所示。

表 8-2　项目软件版本号

软件名称	版本说明
JDK	8u144-linux-x64
MySQL	5.7.21
ZooKeeper	3.4.6
Hadoop	2.7.2
HBase	1.2.6

续表

软件名称	版本说明
Hive	2.2.0
Sqoop	1.4.6
Flume	1.7.0

3. 节点 IP 分配以及架构说明

由于集群管理与使用主要在主节点和备用主节点运行，故 Hive、Sqoop、HBase、MySQL 和 Flume 等工具仅安装在主节点和备用主节点；Hadoop 集群服务需要在所有节点运行；ZooKeeper 服务需要协调整个集群，故所有节点都需要安装，详细分配如表 8-3 所示。

表 8-3 节点分配和架构说明

IP	主机名称	说明	安装软件
192.168.1.2	master	主节点	Hadoop ZooKeeper Hive Sqoop MySQL HBase Flume
192.168.1.3	masterback	备用主节点	Hadoop ZooKeeper Hive Sqoop MySQL HBase Flume
192.168.1.4	slave1	从节点	Hadoop ZooKeeper
192.168.1.5	slave2	从节点	Hadoop ZooKeeper

4. 硬件条件

大数据集群可以分为测试环境和生产环境两种，本次主要为测试环境，其硬件条件要求如表 8-4 所示。

表 8-4 硬件条件

硬件	master	masterback	slave1	slave2
CPU	8 核 +	8 核 +	4 核 +	4 核 +

续表

硬件	master	masterback	slave1	slave2
内存	32GB	32GB	16GB	16GB
容量	1TB	1TB	1TB	1TB
显卡	无特殊要求	无特殊要求	无特殊要求	无特殊要求
处理器	intel	intel	intel	intel
系统	Linux	Linux	Linux	Linux
品牌	无特殊要求	无特殊要求	无特殊要求	无特殊要求

技能点三 数据库设计

在 Persona 项目中，完成数据清洗后，需要将清洗完成的有价值的信息存储到数据库中，因此需要对数据库进行设计。数据库设计往往是开发过程中最重要的一环，因为所有开发在本质上都是围绕着数据的存储与读取而开展的，所以数据库的设计，尽量在项目开发之前就完成设计，并经过反复的推敲，防止开发过程中出现字段缺失、字段数据类型错误等问题。

1.MySQL 表结构设计

本项目对结果的汇总主要使用以下指标：日期、访问量、注册用户数、IP 数量和跳出率。因此，在设计数据库时应将数据库设计为至少 5 个字段（在传统开发中，数据库设计者为了防止业务扩展导致数据库结构的改动，通常在设计数据库时，对数据库预留数量较少的"备用字段"。但在现代开发过程中，为了防止数据库的性能下降，"备用字段"尽可能地少预留或者不预留，这就需要在设计数据库时尽量反复思考每一个字段/列的作用，尽可能设计出"完美"的数据库），分别为 logdate（日期）、pv（访问量）、reguser（注册用户数）、ip（ip 数）和 jumper（跳出率）五个字段，如表 8-5 所示。

表 8-5 pymodel_tec 汇总表

序号	列名	数据类型	长度	小数位	标识	主键	外键	允许空	说明
1	logdate	varchar	10		否	是	否	否	日期
2	pv	Int	10	0	否	否	否	是	访问量
3	reguser	Int	10	0	否	否	否	是	注册用户数
4	ip	Int	10	0	否	否	否	是	IP 数
5	jumper	Int	10	0	否	否	否	是	跳出率

2.HBase 数据库设计

通过 MapReduce 对日志文件进行清洗后，需要对清洗完成的有价值的信息进行存储，方便开发人员可以快速地查询到详细的信息以及对结果进行汇总。因此,在此处 HBase 被设计成三个列。atime 为行键,达到可以使分析人员快速查找数据的目的。ColumnFamily 内存放所需要的数据,列族主要分为两列,分别为 ip 和 url,ip 列用来存储访问用户的 ip,url 列用来存储用户访问的 url 地址。通过这样的设计,可以方便开发人员和分析人员以时间为索引,便捷且快速地查看所需要的信息。HBase 数据库设计如表 8-6 所示。

表 8-6 HBase 数据库设计

key	ColumnFamily :data	
	Column:ip	Column:url
atime	ip	url
……	……	……

技能点四　可视化设计

1. 数据可视化

在目前的大数据环境下,数据量非常庞大,通过直接观察并不能得出合理的结论,而数据可视化操作,将所有的数据以一种更加直观的形式展示到使用者面前,使数据更加客观、更具说服力。无论是各类报表还是各种数据分析结果,用直观的图表展现数据,都会显得简洁、可靠。

数据可视化相比于传统的数据展示方式,有着不可比拟的优势。

(1)观测、跟踪数据:强调实时性、变化、运算能力,可能就会生成一份不断变化、可读性强的图表。

(2)分析数据:强调数据的呈现度,可能会生成一份可以检索、可以交互式的图表。

(3)探索数据之间的潜在关联:可能会生成分布式的多维图表。

(4)帮助普通用户或商业用户快速理解数据的含义或变化:利用漂亮的颜色、动画创建生动、明了且具有吸引力的图表。

数据可视化可以用于教育、宣传、海报、课件等应用场景,常用于街头、广告、杂志和集会。可视化拥有强大的说服力,使用强烈的对比、置换等手段,可以创造出极具冲击力且直指人心的图像。在国内外,许多媒体会根据新闻主题或数据,雇用设计师来创建可视化图表对新闻主题进行辅助说明。

2. 可视化案例

在有数据的前提下,可以通过 Python 语言完成数据可视化的工作。图 8-8 展示了一个数据可视化的案例,该案例展示出了 2010 年世界各国人口的分布情况。而采取 2010 年的数据是因为世界大部分国家和地区的人口统计数据是 2010 年,为保持年份的统一性(我国最近一次人口普查为 2010 年的第六次人口普查),所以采取该年份的人口统计结果为此案例的数据来源。人口数目越接近红色,说明该国家人口越多;越接近蓝色,说明人口数量偏少(图中未显示颜色的地区,说明该地区 2010 年的人口数据存在争议),其中 m 代表 million(百万),b 代表 billion(十亿)。

图 8-8　2010 年世界人口分布图

3.Django

Django 是一个由 Python 编写的开源 Web 应用框架,采用了 MTV 的框架模式(即模型 M、模板 T 和视图 V)。Django 是目前最流行的 Python Web 框架,旨在快速、便捷、减少代码量的前提下开发基于 Python 的 Web 端应用。

数据可视化常常被用于 Web 端的应用,因此在 Persona 项目中,采用 Django 的框架,最终实现 Web 端的数据可视化。

4. 技能实施:Django 项目创建

1)实验目标

掌握 Windows 系统下 Django 项目的创建和部署。

2)实验要求

安装 Django 项目所需第三方 Python 库,按照流程独立创建 Django 项目。

3)实验步骤

(1)安装 Django,PyMySQL,mysqlclient,thriftpy,happybase,在命令窗口中分别运行,如示例代码 CORE0801 所示。

示例代码 CORE0801 添加可视化工具库

pip install Django
pip install PyMySQL
pip install mysqlclient
pip install thriftpy
pip install happybase

解释说明如下。

① Django：一个开放源代码的 Web 应用框架，由 Python 写成，采用了 MTV 的框架模式。

② PyMySQL：通过 pycharm 导入 pymysql 模块进行远程连接 mysql 服务端，进行数据管理操作。

③ mysqlclient：由于 mysqldb 不支持 Python3，所以 django 连接 mysql 就不能再使用 mysqldb，故选择 mysqlclient，然而两者之间并没有太大的使用上的差异。

④ thriftpy：rpc 框架，解决跨语言的、高性能的 rpc 通信问题。

（2）打开 PyCharm 工具 → File → New Project（新建项目），新建项目如图 8-9 所示。

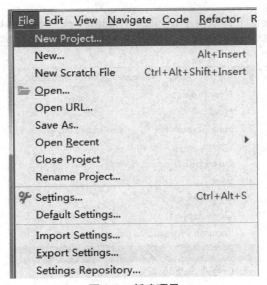

图 8-9　新建项目

（3）选择 Django 项目，并设置项目路径，选择项目支持的 Python 版本，在更多设置（More Settings）中添加 Application name，Template language 为项目模式，Templates folder 为模版文件夹，点击 Create 完成创建，创建项目如图 8-10 所示。

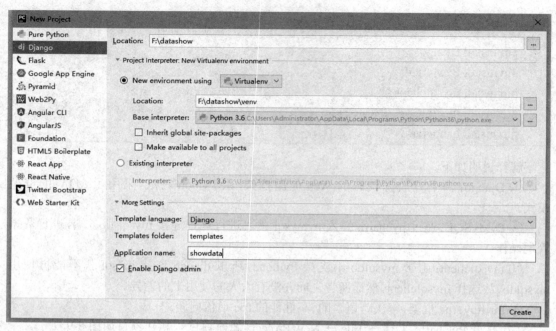

图 8-10 创建项目

（4）添加所需 Python 库到项目下，File → Settings → Project: datashow → Project Interpreter，选择右上角"+"号（图 8-12），输入所需库并添加，如图 8-11 至 8-13 所示。

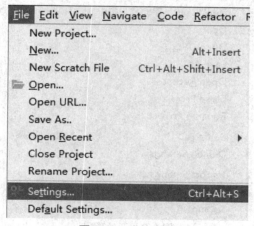

图 8-11 进入设置

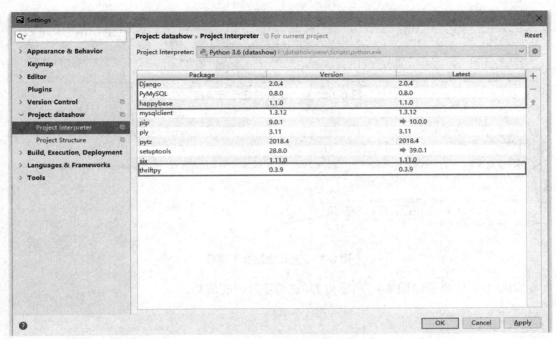

图 8-12　查看当前添加库

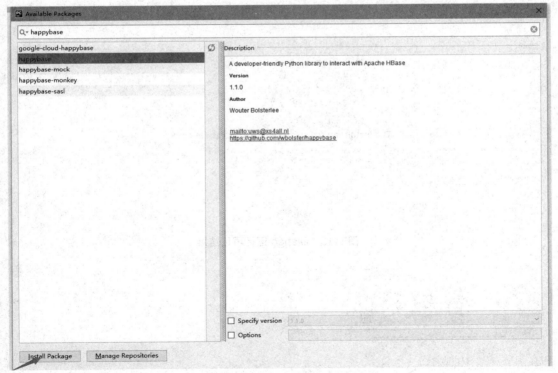

图 8-13　搜索并添加所需库

（5）点击运行，查看 Django 项目是否创建成功，如图 8-14 和图 8-15 所示。

图 8-14　点击运行按钮运行项目

图 8-15　点击链接查看项目

浏览器页面显示如图 8-16 所示内容，说明项目创建成功。

图 8-16　Django 运行项目结果

结合之前所有项目任务实施完成设计，本次实现 Persona 项目整体构建。通过指定脚本文件和定时任务的方式实现企业自动化项目运行，并使用 Django 技术实现数据可视化。

第一步：准备连续几天的日志文件到 /usr/local/logs。日志文件参考资料包"08 构建 Persona 项目"→"02 日志文件"目录下，如图 8-17 所示。

access_2018_03_10.log	2018/3/14 9:34	文本文档	5,156 KB
access_2018_03_11.log	2018/3/14 9:34	文本文档	5,157 KB
access_2018_03_12.log	2018/3/14 9:34	文本文档	5,156 KB
access_2018_03_13.log	2018/3/14 9:34	文本文档	5,158 KB
access_2018_03_14.log	2018/3/14 9:34	文本文档	5,158 KB

图 8-17　日志文件

第二步：使用项目三任务实施设计的日志清洗程序作为日志清洗源代码，如图 8-18 所示。

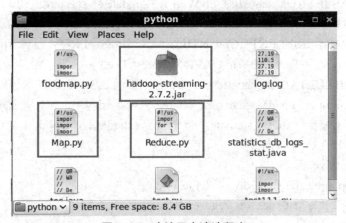

图 8-18　确认日志清洗程序

第三步：在 /usr 目录下创建 performtasks_core.sh 文件，用于上传每日更新出的日志文件，并进行日志清洗，如示例代码 CORE0802 所示。

示例代码 CORE0802 重写 performtasks_core.sh 文件

[root@master ~]# vi /usr/performtasks_core.sh
#!/bin/sh
#step1. 参数输入今天日期获取昨天日期
#yesterday=`date --date='1 days ago' +%Y_%m_%d`
yesterday=$1
#step2. 将日志文件上传到 HDFS
hadoop fs -put /usr/local/logs/access_${yesterday}.log /acelog/input
#step3. 执行数据清洗
hadoop jar /usr/local/python/hadoop-streaming-2.7.2.jar -file /usr/local/python/Map.py -mapper Map.py -file /usr/local/python/Reduce.py -reducer Reduce.py -input /acelog/input/access_${yesterday}.log -output /acelog/output/${yesterday}

#step4. 修改 hive 表然后添加分区
hive -e "ALTER TABLE statistics_db ADD PARTITION(logdate='${yesterday}') LOCATION '/acelog/output/${yesterday}';"
#step5. 每天创建 hive 表
hive -e "CREATE TABLE statistics_db_pv_${yesterday} AS SELECT COUNT(1) AS PV FROM statistics_db WHERE logdate='${yesterday}';"
hive -e "CREATE TABLE statistics_db_reguser_${yesterday} AS SELECT COUNT(1) AS REGUSER FROM statistics_db WHERE logdate='${yesterday}' AND INSTR(url,'action.do?mod=register')>0;"
hive -e "CREATE TABLE statistics_db_ip_${yesterday} AS SELECT COUNT(DISTINCT ip) AS IP FROM statistics_db WHERE logdate='${yesterday}';"
hive -e "CREATE TABLE statistics_db_jumper_${yesterday} AS SELECT COUNT(1) AS jumper FROM (SELECT COUNT(ip) AS times FROM statistics_db WHERE logdate='${yesterday}' GROUP BY ip HAVING times=1) e;"
hive -e "CREATE TABLE statistics_db_${yesterday} AS SELECT '${yesterday}', a.pv, b.reguser, c.ip, d.jumper FROM statistics_db_pv_${yesterday} a JOIN statistics_db_reguser_${yesterday} b ON 1=1 JOIN statistics_db_ip_${yesterday} c ON 1=1 JOIN statistics_db_jumper_${yesterday} d ON 1=1;"
#step6. 删除 hive 表
hive -e "drop table statistics_db_pv_${yesterday};"
hive -e "drop table statistics_db_reguser_${yesterday};"
hive -e "drop table statistics_db_ip_${yesterday};"
hive -e "drop table statistics_db_jumper_${yesterday};"
#step7. 导出 mysql
sqoop export --connect jdbc:mysql://master:3306/statistics_db --username root --password 123456 --table pymodel_tec --fields-terminated-by '\001' --export-dir '/user/hive/warehouse/statistics_db'${yesterday}" --columns "logdate,pv,reguser,ip,jumper"
#step8. 删除 hive 表
hive -e "drop table statistics_db_${yesterday};"
#step9. 将数据添加至临时表
hive -e "load data inpath '/acelog/output/${yesterday}' into table hive_hbase_tmp;"
#step10. 将临时表中数据添加至关联表
hive -e " insert into table hive_hbase select * from hive_hbase_tmp;"

第四步：设置时间获取脚本文件 statistics_daily.sh，如示例代码 CORE0803 所示。

项目八 构建 Persona 项目

示例代码 CORE0803 设置时间获取脚本文件

[root@master ~]# vi statistics_daily.sh
#!/bin/sh
# 获取日期并作为参数传递给 performtasks_core.sh 文件。
yesterday=`date --date='1 days ago' +%Y_%m_%d`
/usr/performtasks_core.sh $yesterday

第五步：为文件添加执行权限，如示例代码 CORE0804 所示。

示例代码 CORE0804 为文件添加执行权限

[root@master ~]# chmod 777 /usr/performtasks_core.sh
[root@master ~]# chmod 777 statistics_daily.sh

第六步：添加定时任务保证日志清洗每天默认执行，如示例代码 CORE0805 所示。设置完成后只需定期查看 MySQL 数据库中的汇总结果表进行浏览即可；测试时直接使用 performtasks_core.sh + 日期（例如：performtasks_core.sh 2018_01_01）进行测试，最后通过 MySQL 查看清洗后的数据。

示例代码 CORE0805 添加定时任务

[root@master ~]# crontab –e
* 1 * * * statistics_daily.sh

如不知道定时任务是什么，可扫描下方二维码了解。

用户画像项目中需要每隔一段时间执行一次数据清洗过程，扫描右侧二维码了解更多的定时任务。

第七步：修改 datashow Django 项目中 settings.py 的数据库连接信息，连接 MySQL 数据库，如示例代码 CORE0806 所示。

示例代码 CORE0806 修改数据库连接信息

```
DATABASES = {
    'default': {
        'ENGINE': 'django.db.backends.mysql',  # 或者使用 mysql.connector.django
        'NAME': 'statistics_db',               # 数据库名称
        'USER': 'root',                        # 用户名
```

```
        'PASSWORD': '123456',           # 密码
        'HOST':'192.168.10.130,'        # 连接 IP 地址
        'PORT':'3306',                  # 端口号
    }
}
```

第八步:在 models.py(实体模型)实例化数据库表,如示例代码 CORE0807 所示。

示例代码 CORE0807 实例化数据库表

```
class pymodel_tec(models.Model):
    class Meta:                                    # 声明类名
        db_table="pymodel_tec"                     # 指定表名
    logdate = models.CharField(max_length=20)      # 定义日期,最大长度 20
    pv = models.CharField(max_length=20)           # 定义 pv,最大长度 20
    reguser=models.CharField(max_length=20)        # 定义 reguser,最大长度 20
    ip=models.CharField(max_length=20)             # 定义 ip,最大长度 20
    jumper=models.CharField(max_length=20)         # 定义 jumper,最大长度 20
```

第九步:在 admin.py 中注册实例化类,提交至 admin 用户管理,如示例代码 CORE0808 所示。

示例代码 CORE0808 所示 添加 templates 到 DIRS 设置

```
from showdata import models                    # 导入相关库
admin.site.register(models.pymodel_tec)        # 指向提交类
```

第十步:在视图层 view.py 设计数据处理逻辑,如示例代码 CORE0809 所示。

示例代码 CORE0809 设计数据处理逻辑

```
from django.shortcuts import render
from django.http import HttpResponse
from showdata.models import pymodel_tec
import datetime
import happybase
def Datashow(request):
    # 从数据库中查询后 7 条数据
    mods= pymodel_tec.objects.raw("SELECT * FROM (SELECT * FROM pymodel_tec ORDER BY logdate DESC LIMIT 7) aa ORDER BY logdate ASC")
    # 查询总个数,目的是汇总不到 7 条时能得到准确总数,不抛出异常
    sum=len(list(mods))
```

```python
        # 生命指标数组,和日志信息数组
        logdate = []
    pv = []
        reguser=[]
        ip=[]
        jumper=[]
        message=[]
        # 定义变量,枚举数据集合,并向指标数组赋值
        i=0
        lastdata=""
        for mod in mods:
            logdate.append(mod.logdate)
            pv.append(mod.pv)
            reguser.append(mod.reguser)
            ip.append(mod.ip)
            jumper.append(mod.jumper)
            # 获取最后一天数据,并与前一天数据做差,存入 message 数组
            i=i+1
            if   i==sum :
                lastdata=mod.logdate
                message.append(lastdata)
                message.append(mod.pv)
                message.append(mod.pv-mods[sum-2].pv)
                message.append(mod.ip)
                message.append(mod.ip-mods[sum-2].ip)
                message.append(mod.reguser)
                message.append(mod.reguser-mods[sum-2].reguser)
                message.append(str(round(mod.jumper/mod.pv,2)*100)+"%")
                message.append(str(round((mod.jumper -mods[sum-2].jumper) / (mod.pv-mods
[sum-2].pv), 2) * 100 ) + "%")
        # 打印数据
        print(message)
        lastdata=lastdata.replace('_','')
        #HBase 详细查询最后一天的数据
        # 链接 HBase 服务器
```

```python
connection = happybase.Connection('192.168.10.130')
# 打开 acelogdata 表
table = connection.table('acelogdata')
# 使用过滤器匹配正则查询 rowkey 为 yyyyMMdd 日期数据
filter = "RowFilter(=,'regexstring:"+lastdata+".')"
# 声明详细查询集合
detailedlist=[]
# 执行过滤，返回键值对类型
i=0
for key, value in table.scan(filter=filter):
    try:
        #key value 类型为 bytes 需转换成字符转
        dates=(bytes.decode(key))
        # 将时间转换成标准时间
        dates=datetime.datetime.strptime(dates, "%Y%m%d%H%M%S")
        # 获得 ip
        ips = bytes.decode(value[b'data:ip'])
        # 获得 URL
        urls = bytes.decode(value[b'data:url'])
        # 判断三者是否为 "", 空则跳过
        if dates!="" and ips != "" and urls !="" :
            # 拼接 JSON 数组
            i=i+1
            json = {"id":i, "date": dates, "ip": ips, "url": urls}
            # 将数组存入字典中
            detailedlist.append(json)
    except :
        pass
# 打印详情查看格式
print(detailedlist)

# 绘图所用 JSON
listAll = [{'name': ' 浏览量 ', 'data': pv}, {'name': ' 注册用户数 ', 'data': reguser},{'name': ' 用户访问量 ', 'data': ip},{'name': ' 跳出用户数 ', 'data': jumper}]
# 从定向 index.html 且返回 JSON 对象分别是 listALL（绘图所用数据 JSON），X（绘图所用 X 轴坐标 JSON），detailedlist（HBase 详细查询集合 JSON）
return render(request, "index.html", {'listAll':listAll,"X":logdate,"MSG":message,"detailedlist":detailedlist})
```

第十一步：在 templates 文件夹内新建 index.html（图 8-19），并添加对应代码用于前台界面数据显示，如示例代码 CORE0810 所示。

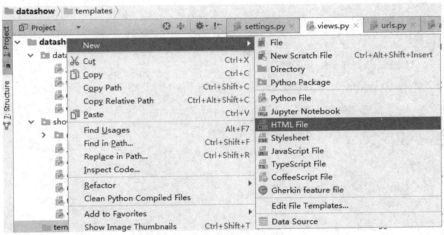

图 8-19　新建数据显示界面

示例代码 CORE0810　数据显示代码

```
<!DOCTYPE html>

<html lang="en">
<head>
    <title>Persona</title>
    <meta charset="UTF-8">
    <meta name="viewport" content="width=device-width, initial-scale=1.0">
    <!-- 引入的文件 -->
    <script src="/static/jquery-1.8.3.min.js"></script>
    <link rel="stylesheet" href="/static/bootstrap/css/bootstrap.min.css">

    <link rel="stylesheet" href="/static/css/select2.css">
    <link rel="stylesheet" href="/static/css/unicorn.main.css"/>
    <link rel="stylesheet" href="/static/css/unicorn.grey.css" class="skin-color">
    <link rel="stylesheet" href="/static/css/bootstrap.min.css"/>
    <link rel="stylesheet" href="/static/css/fullcalendar.css"/>
    <script src="/static/jquery.pagination.js"></script>
    <script src="http://cdn.hcharts.cn/highcharts/highcharts.js"></script>
    <script src="http://cdn.hcharts.cn/highcharts/modules/exporting.js"></script>
```

```html
            <link rel="stylesheet" href="/static/css/unicorn.grey.css" class="skin-color"/>
            <meta http-equiv="Content-Type" content="text/html; charset=utf-8">

</head>
<body>
<div id="header" style="color: #f8fffd">
    <h2 style="padding-top: 10px"> 用户画像分析: {{ MSG.0|safe }}</h2>
</div>


<!-- 内容 -->
<div id="content" style="margin-left: 0;">

    <div class="container-fluid">
        <div class="row-fluid">
            <div class="span12">

                <!-- 关键指标 -->
                <div class="widget-box">
                    <div class="widget-title">
                        <span class="icon">
                            <i class="icon-th"></i>
                        </span>
                        <h5> 关键指标 </h5>
                    </div>
                    <div class="widget-content nopadding">
                        <table id="key_index" class="table table-bordered table-striped">
                            <tbody>
                            <tr>
                                <td>
                                    <div class="td_div" style=" height:131px">
                                        <dl>
                                            <dt> 网站访问量 </dt>
                                            <dd style="text-align: center">
                                                <h1>{{ MSG.1|safe }}</h1>
```

```html
        <h4 style="float: right"> 同比增长：{{ MSG.2|safe }}</h4>
      </dd>
    </dl>
  </div>
</td>
<td>
  <div class="td_div" style=" height:131px">
    <dl>
      <dt> 用户访问量 </dt>
      <dd style="text-align: center">
        <h1>{{ MSG.3|safe }}</h1>
        <h4 style="float: right"> 同比增长：{{ MSG.4|safe }}</h4>
      </dd>
    </dl>
  </div>
</td>
<td>
  <div class="td_div" style=" height:131px">
    <dl>
      <dt> 注册用户数 </dt>
      <dd style="text-align: center">
        <h1>{{ MSG.5|safe }}</h1>
        <h4 style="float: right"> 同比增长：{{ MSG.6|safe }}</h4>
      </dd>
    </dl>
  </div>
</td>
<td>
  <div class="td_div" style=" height:131px">
    <dl>
      <dt> 跳出率 </dt>
      <dd style="text-align: center">
        <h1>{{ MSG.7|safe }}</h1>
        <h4 style="float: right"> 同比增长：{{ MSG.8|safe }}</h4>
```

```html
                        </dd>
                    </dl>
                </div>
            </td>
        </tr>

        </tbody>

    </table>
  </div>
</div>

<!-- 波浪图 -->
<div class="widget-box">
  <div class="widget-title">
     <span class="icon">
        <i class="icon-th"></i>
     </span>
     <h5> 实时天数据 </h5>
  </div>
  <div class="widget-content nopadding">
     <!-- 绘图 -->
     <div id="container" class="span12" style=" height:350px"></div>
     <script>
        $(function () {
           var chart = Highcharts.chart('container', {
              title: {
                 text: '用户画像解析结果'
              },
              subtitle: {
                 text: '日志分析'
              },
              yAxis: {
                 title: {
                    text: '值'
```

```
            }
          },
          legend: {
            layout: 'vertical',
            align: 'right',
            verticalAlign: 'middle'
          },
          xAxis: {
            categories:{{ X|safe }},
            title: {
              text: null
            }
          },
          series: {{ listAll|safe }},
          responsive: {
            rules: [{

              chartOptions: {
                legend: {
                  layout: 'horizontal',
                  align: 'center',
                  verticalAlign: 'bottom'
                }
              }
            }]
          }
        })
      });
    </script>
  </div>
</div>

<!-- 表格 -->
<div class="widget-box">
  <div class="widget-title">
```

```html
                <span class="icon">
                    <i class="icon-th"></i>
                </span>
                <h5> 当天详细数据 </h5>
            </div>
            <div class="widget-content nopadding">
                <table id="test" class="table table-bordered table-striped">
                    <thead>
                    <tr>
                        <th> 序号 </th>
                        <th> 请求时间 </th>
                        <th> 请求 IP 地址 </th>
                        <th> 请求地址 </th>
                    </tr>
                    </thead>
                    <tbody id="context">

                    {% for item in detailedlist %}
                        <tr>
                        <td>{{ item.id|safe}}</td>
                        <td>{{ item.date|safe}}</td>
                        <td>{{ item.ip|safe}}</td>
                        <td>{{ item.url|safe}}</td>
                        </tr>
                    {% endfor %}
                    </tbody>
                </table>
            </div>
        </div>
    </div>
  </div>
</div>

<script src="/static/js/excanvas.min.js"></script>
```

```
<script src="/static/js/jquery.ui.custom.js"></script>
<script src="/static/js/bootstrap.min.js"></script>
<script src="/static/js/jquery.flot.min.js"></script>
<script src="/static/js/jquery.flot.resize.min.js"></script>
<script src="/static/js/jquery.peity.min.js"></script>
<script src="/static/js/fullcalendar.min.js"></script>
<script src="/static/js/unicorn.js"></script>
<script src="/static/js/unicorn.dashboard.js"></script>
</body>
</html>
```

第十二步：添加数据界面所需静态资源包 static 至项目下，静态资源文件请查阅资料包"08 课件工具"→"08 构建 Persona 项目"→"01 静态资源"，添加静态资源包如图 8-20 所示。

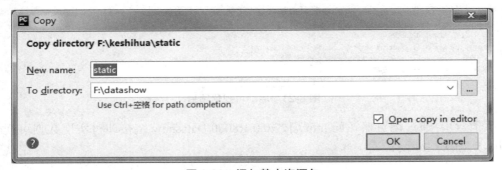

图 8-20　添加静态资源包

第十三步：在 settings 文件中添加静态资源访问权限，如示例代码 CORE0811 所示。

示例代码 CORE0811 添加静态资源访问权限

```
STATICFILES_DIRS = (
    os.path.join(BASE_DIR, "static"),
)
```

第十四步：添加访问路径至 urls.py 文件，如示例代码 CORE0812 所示。

示例代码 CORE0812 添加访问路径

```
from django.conf.urls import url
from django.contrib import admin
from showdata.views import Datashow
urlpatterns = [
```

```
    url(r'^admin/', admin.site.urls),
    url('Datashow/',Datashow)
]
```

第十五步：启动项目，并通过浏览器查看数据信息，如图8-21所示。

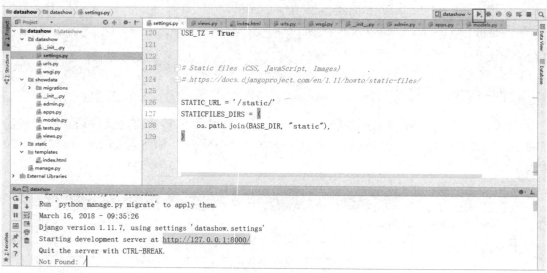

图 8-21　启动可视化项目

第十六步：通过浏览器访问 http://127.0.0.1:8000/Datashow 链接即可实现数据可视化，如图8-1至图8-3所示。

任务总结

本项目实现了 Persona 项目完整构建，从项目背景、指标要求到项目实施的整体设计，学习实际应用中大数据项目设计和可视化实现流程，清楚不同指标的含义和计算方式，掌握数据可视化实现流程。

英语角

| Jumper | 跳出率 | Statistics | 统计 |
| Templates | 模版 | Directory | 目录 |

Container	容器	Vertical	垂直的
Middle	中间的	Categories	类别

1. 选择题

（1）所有用户浏览页面的总和是指（　　）。
A. 用户注册数　　　B. 独立 IP 数　　　C. 用户浏览量　　　D. 跳出率

（2）使用（　　）工具进行数据统计。
A.HBase　　　B.Flume　　　C.HDFS　　　D.Hive

（3）使用 MapReduce 清洗后的数据默认存放到（　　）中。
A.HBase　　　B.Flume　　　C.HDFS　　　D.Hive

（4）为文件添加（　　）权限可以让任何用户对文件进行任何操作。
A.644　　　B.677　　　C.777　　　D.755

（5）为保证项目自动清洗前一天日志文件，通过（　　）方式运行项目。
A. 手动执行　　　B. 定时任务　　　C. 自动执行　　　D. 不操作

2. 简答题

（1）什么是用户画像？
（2）用户画像实现流程是什么？